一本书学会 *Video Editing*
手机短视频剪辑

吾影视觉　著

U0300011

人民邮电出版社

北　京

图书在版编目（CIP）数据

一本书学会手机短视频剪辑 / 吾影视觉著. -- 北京：
人民邮电出版社，2022.10
ISBN 978-7-115-59632-1

Ⅰ．①一… Ⅱ．①吾… Ⅲ．①视频编辑软件 Ⅳ．
①TN94

中国版本图书馆CIP数据核字（2022）第112715号

内 容 提 要

本书主要讲解短视频后期剪辑方面的基本常识及具体实操技巧。具体包括短视频剪辑基础、如何选择短视频的素材、短视频剪辑基本常识、快速掌握剪映的功能、短视频调色基础与实战、转场理论与剪映转场、短视频音频编辑与卡点、文字与贴纸的实用技巧，以及如何制作精彩的短视频片头与片尾等内容。

本书介绍了大量短视频剪辑的基本常识及理论，并将部分理论知识融入了具体的剪辑实战当中，讲解了剪映软件的使用技巧，帮助广大读者深入理解和掌握短视频剪辑的前因后果，有助于读者真正掌握短视频剪辑的精髓。

本书适合有兴趣拍摄与剪辑短视频的爱好者阅读使用，也可作为视频剪辑相关专业人士的参考教材。

◆ 著　　　　吾影视觉
　　责任编辑　杨　婧
　　责任印制　陈　犇

◆ 人民邮电出版社出版发行　　北京市丰台区成寿寺路11号
　　邮编　100164　　电子邮件　315@ptpress.com.cn
　　网址　https://www.ptpress.com.cn
　　天津图文方嘉印刷有限公司印刷

◆ 开本：880×1230　1/32
　　印张：7.625　　　　　　　　　2022年10月第1版
　　字数：285千字　　　　　　　2022年10月天津第1次印刷

定价：68.80元

读者服务热线：(010)81055296　印装质量热线：(010)81055316
反盗版热线：(010)81055315
广告经营许可证：京东市监广登字20170147号

目录
CONTENTS

第3章

短视频剪辑基本常识

第4章

快速掌握剪映的功能

第1章

短视频剪辑基础

本章介绍短视频剪辑所需要的一些基础知识、短视频创作前后期的关系，以及短视频创作常用的一些软件。

01

一看就懂的短视频概念

分辨率

分辨率，也常被称为图像的尺寸和大小，是指一帧图像包含的像素的多少，它直接影响图像大小。分辨率越高，图像越大；分辨率越低，图像越小。

常见的分辨率如下。

◆ 4K：4 096 × 2 160（像素）/超高清

◆ 2K：2 048 × 1 080（像素）/超高清

◆ 1 080P：1 920 × 1 080（像素）/全高清

◆ 720P：1 280 × 720（像素）/高清

通常情况下，4K和2K常用于电脑剪辑；而1 080P和720P常用于手机剪辑。1 080P和720P的使用频率较多，因为它的视频文件大小会小一些，手机编辑起来会更加轻松。

4K分辨率的画面清晰度较高

720P分辨率的视频画面清晰度不太理想

帧与帧率（帧频）

在描述视频属性时，我们经常会看到30FPS 1 080P或60FPS 1 080P等这样的参数，此处FPS（也可能是小写）是Frames Per Second的首字母缩写，意思为每秒的帧数；1 080P意思是全高清视频，尺寸为1 920 × 1 080。

视频是一幅幅连续运动的静态图像，持续、快速地显示，最终以视频的方式呈现。

视频图像实现传播的基础是人眼的视觉残留特性，每秒连续显示24幅以上的不同静止画面时，人眼就会感觉图像是连续运动的，而不会把它们分辨为一幅幅静止画面，因此从再现活动图像的角度来说，图像的刷新率必须达到24FPS以上。这里，一幅静态画面称为一帧画面，24FPS对应的是帧频率，即一秒显示过24帧的画面。

24FPS只是能够流畅显示视频的最低值，实际上，帧率要达到50FPS以上才能消除视频画面的闪烁感，并且此时视频显示的效果会非常流畅、细腻。所以，当前我们看到的很多摄像设备，已经出现了60FPS、120FPS等超高帧率的参数性能。

24帧的视频画面截图并不是特别
清晰

60帧的视频画面截图更清晰

码流/码率

码率BPS，也叫取样率，全称Bits Per Second。它是指每秒传送的数据位数，常见单位Kbit/s（千位每秒）和Mbit/s（兆位每秒）。通俗一点的理解就是取样率，单位时间内取样率越大，精度就越高，视频画面就更清晰，画面质量也更高，处理出来的文件就越接近原始文件。文件体积与取样率是成正比的，所以几乎所有的编码格式重视的都是如何用最低的码率达到最少的失真。

视频格式

视频格式是指视频保存的一种格式，用于把视频和音频放在一个文件中，以方便同时播放。常见的视频格式有MP4、MOV、AVI、MKV、WMV、FLV/F4V、REAL VIOEO、ASF等。

这些不同的视频格式，有些适合于网络播放及传输，有些更适合于在本地设备当中用某些特定的播放器进行播放。

1. MP4

MP4全称MPEG-4，是一种多媒体电脑档案格式，扩展名为.mp4。

MP4是一种非常流行的视频格式，许多电影、电视视频格式都是MP4格式。其特点是压缩效率高，能够以较小的体积呈现出较高的画质。

MP4格式视频的大致信息

2. MOV

MOV是由Apple公司开发的一种音频、视频文件格式，也就是平时所说的QuickTime影片格式，常用于存储音频和视频等数字媒体。

它的优点是影片质量出色，不压缩，数据流通快，适合视频剪辑制作；缺点是文件较大。在网络上一般不使用MOV及AVI等体积较大的格式，而是使用体积更小、传输速度更快的MP4等格式。

MOV格式视频的大致信息

3.AVI

AVI是由微软公司在1992年发布的视频格式，是英文全拼Audio Video Interleaved的缩写，意为音频视频交错，可以说是最悠久的视频格式之一。

AVI格式调用方便、图像质量好，但文件体积往往会比较庞大，并且有时候兼容性一般，有些播放器无法播放。

4. MKV

MKV格式是一种多媒体封装格式，有容错性强、支持封装多重字幕、可变帧速、兼容性好等特点，是一种开放标准的自由的容器和文件格式。

从某种意义上来说，MKV只是个"壳子"，它本身不编码任何视频、音频等，但它足够标准，足够开放，可以把其他视频格式的特点都装到自己的壳子里，所以它本身没有什么画质、音质等的优势可言。

MKV格式视频的大致信息

5.WMV

WMV是英文Windows Media Video的缩写，是一种数字视频压缩格式的文件，它是由微软公司开发的一种流媒体格式，主要特征是同时适合本地或网络回放，支持多语言，扩展性强，等等。

WMV格式最大的优势是，在同等视频质量下WMV格式的文件可以边下载边播放，因此很适合在网上播放和传输。

6.FLV/F4V

FLV是FLASH VIDEO的简称，FLV流媒体格式是一种新的视频格式，其实就是曾经非常火的flash文件格式，它的优点是体积非常小，所以特别适合在网络播放与传输。

F4V是继FLV格式之后，Adobe公司推出的支持H.264编码的流媒体格式，F4V比FLV格式更加清晰。

FLV格式视频的大致信息

7. REAL VIDEO

REAL VIDEO是由RealNetworks公司所开发的，一种高压缩比的视频格式，扩展名有.ra、.rm、.ram、.rmvb。

REAL VIDEO格式主要用来在低速率的广域网上实时传输活动视频影像，可以根据网络数据传输速率的不同而采用不同的压缩比率，从而实现影像数据的实时传送和实时播放。

RMVB格式视频的大致信息

8.ASF

ASF是Advanced Streaming Format的缩写，意为高级流格式，是微软公司为了与RealNetworks公司的REAL VIDEO格式竞争而推出的一种可以直接在网上观看视频的文件压缩格式。ASF使用了MPEG4的压缩算法，压缩率和图像的品质效果都不错。

9. 蓝光

BLU-RAY DISK，通常翻译为蓝光光碟，简称BD，它是DVD之后下一代的高画质影音储存媒体，普通蓝光盘可以达到20GB以上的容量，甚至达到惊人的100GB，所以可以存储更清晰的影片，从这个角度来说，这种格式更适合在本地的播放设备上播放，用一些家庭影院播放蓝光媒体，可以有非常好的画质及音质享受。

视频编码

视频编码格式是指对视频进行压缩或解压缩的方式，或者是对视频格式进行转换的方式。

压缩视频体积，必然会导致数据的损失，如何能在最小数据损失的前提下尽量压缩视频体积，是视频编码的第一个研究方向；第二个研究方向是通过特定的编码方式，将一种视频格式转换为另外一种格式，例如将AVI格式转换为MP4格式，等等。

视频编码主要有两大类：一是MPEG系列，二是H.26X系列。

1. MPEG 系列（由"国际标准组织机构"下属的 MPEG"运动图像专家组"开发）

（1）MPEG-1第二部分，主要使用在VCD上，有些在线视频也使用这种格式。该编解码器的体积大致上和原有的VHS录像带相当。

（2）MPEG-2第二部分，等同于H.262，主要应用于DVD、SVCD和大多数数字视频广播系统和有线分布系统中。

（3）MPEG-4第二部分，可以使用在网络传输、广播和媒体存储上，相比于MPEG-2和第一版的H.263，它的压缩性能有所提高。

（4）MPEG-4第十部分，技术上和H.264是相同的标准，有时候也被称作"AVC"。在"运动图像专家组"与"国际电传视讯联盟"合作后，诞生了H.264/AVC标准。

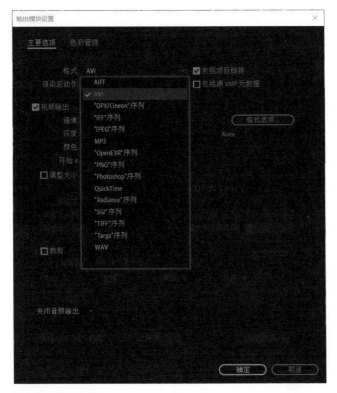

编码格式设定界面

2. H.26X 系列（由"国际电传视讯联盟"主导）

包括H.261、H.262、H.263、H.264、H.265等。

（1）H.261，主要在老的视频会议和视频电话产品中使用。

（2）H.263，主要用在视频会议、视频电话和网络视频上。

（3）H.264，是一种视频压缩标准，一种被广泛使用的高精度的视频录制、压缩和发布格式。

（4）H.265，是一种视频压缩标准，这种编码方式不仅可提升图像质量，同时还可达到H.264格式的两倍压缩率，可支持4K分辨率，最高分辨率可达到8 192×4 320(8K分辨率)，这是目前发展的趋势。

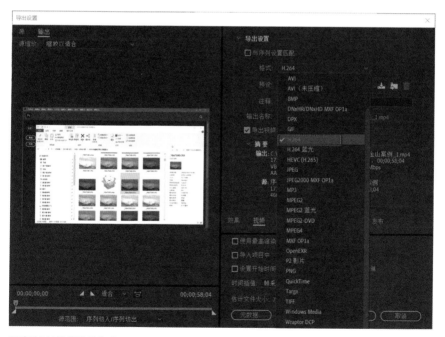

设定H.264视频编码格式

视频流

我们经常会听到 "H.264码流" "解码流" "原始流" "YUV流" "编码流" "压缩流" "未压缩流" 等叫法，实际上这是对于视频是否经过压缩的一种区别和称呼。

视频流大致可以分为两种，即经过压缩的视频流和未经压缩的视频流。

1. 经过压缩的视频流

经过压缩的视频流也被称为 "编码流"，目前以H.264为主，因此也称为 "H.264码流"。

2. 未经压缩的视频流

未经压缩的视频流也就是解码后的流数据，称为 "原始流"，也常常称为 "YUV流"。

从 "H.264码流" 到 "YUV流" 的过程称为解码，反之称为编码。

02

短视频创作的前后期

＼

　　短视频创作的环节和分工是非常多的，包括前期策划、筹备、拍摄，到素材整理、剪辑等后期工作。但从整体来看，短视频的创作是分两个主要阶段的，分别为前期拍摄与后期剪辑。下面我们从两个方面来分析短视频创作前后期的关系。

创作分工的前后期关系

　　电影、微电影及专业短视频，大多是团队工作的成果，需要不同部门和工种的配合才能完成或是才能有更好的表达效果；而Vlog及另外一些短视频则可能没有过多工种的参与，可能是拍摄、剪辑均由创作者一人完成。

　　从拍摄前期的准备来说，我们要完成场景选择、美术布景、人物造型、剧本创作、实际拍摄等工作，只有准备得足够充分，那么在实际拍摄时才能够让各个拍摄环节都比较流畅。

　　对于要求不高的一些短视频创作，可能是一个人完成所有的工作，因此就不可能完成所有的前期准备工作，但是将我们之前介绍的场景、人物造型设计等都梳理一遍是必不可少的，在力所能及的范围内去多做一些准备工作，会有效地提高所拍摄视频素材的品质。

　　对于专业的视频创作团队来说，后期会有剪辑师进行专门的二次创作，让视频最终呈现出更完美的效果。对于一般的短视频爱好者来说，就没有这么复杂，前期拍完后，再根据自己的理解和所掌握的技术，（大多数情况下）直接在手机上借助于专业的App进行剪辑即可。

前期拍摄工作

专业剪辑师的工作台

素材的前后期关系

从短视频创作素材的角度来说，前后期也会有一些特定的关系，并相互影响。如果我们前期拍摄的短视频素材当中，出现元素不够、景别不够、镜头类型单一等问题，那么后期剪辑就会受到制约。

有些素材可以进行补拍，但另外一些素材可能没有办法补拍，这样就会导致后期无法进行剪辑，或是剪辑出的作品效果不够理想。

所以说，在前期拍摄素材时，应该先做好分镜头脚本等工作，将所需要的短视频素材列一个表，并逐一进行拍摄，这将会为后续的剪辑做好充分准备。

类似于这种远途旅游类短视频，前期的素材一定要全，如果后期剪辑时发现缺少某些素材，那是很难进行补拍的

03

短视频剪辑工具

对于一般的短视频创作来说，我们很少借助于特别复杂的软件来进行处理，但这并不表示一般短视频创作就用不到PC端的专业剪辑软件。

对于一般爱好者来说，我们比较需要性能高且又易学的PC端剪辑软件主要有Windows操作系统下的Premiere（简称Pr）和Mac操作系统下的Final Cut Pro X（简称FCP）。

专业视频剪辑工具

1.Premiere

Pr是视频编辑爱好者和专业人士必不可少的视频编辑工具，具有易学、高效、精确的特点，可提供视频采集、剪辑、调色、美化音频、字幕添加、输出、DVD刻录等非常强大的功能，并和其他Adobe软件高效集成，使用户足以完成在编辑、制作、工作流上遇到的所有挑战，满足用户创建高质量作品的要求。

Pr的剪辑界面

对于一般的短视频创作者来说，可能更多工作会在手机App上完成，但实际上如果要进行更专业一些的调色和效果制作，Pr无疑会有更好的效果。

Pr的调色界面

2. Final Cut Pro X

如果说Pr是Windows操作系统下能够兼顾视频创作专业人士与短视频创作业余爱好者的利器，那么FCP则是Mac操作系统下最理想的视频剪辑软件。

FCP 是苹果公司开发的一款专业视频非线性编辑软件，当前最新版本是Final Cut Pro X，包含进行后期制作所需的大量功能。可导入并组织媒体（图片与视频等），可对媒体进行编辑、添加效果、改善音效、颜色分级优化等处理。

FCP的剪辑界面

FCP的视频调色界面

手机-剪映App

对于一些要求不是很高的短视频创作场景来说，可以将拍摄好的素材直接在手机内借助于免费App进行非常好的剪辑和特效处理。

剪映App是当前比较流行、功能也比较强大的短视频剪辑和特效制作工具，这款工具是抖音旗下的免费软件。除能够完成正常的音视频、字幕处理外，剪映App还可以借助于强大的人工智能算法，帮助短视频创作者进行短视频的快速成片，以及卡点、贴纸等特效制作，并可以快速、高效地输出高品质短视频。

在本书的后半部分，我们将依托于剪映App讲解短视频创作的全方位知识。

剪映App主界面

短视频剪辑界面

一键成片界面

第2章

如何选择短视频的素材

在制作短视频之前，首先要对素材进行管理和筛选。选择合理的素材，有助于后续创造出更高品质的短视频效果。从素材的选择角度来说，要注意两个问题，一是技术要素的合理性，二是内容要素的合理性。

01
技术要素

对焦与曝光合理

首先，要注意短视频素材对焦与曝光的合理性。

大部分情况下，视频画面都应该是有清晰对焦的。但在一些特殊情况下，画面大部分都清晰，偶尔有些帧会因为失焦变得模糊。这种情况下，如果短视频素材比较丰富，有同类型的，可将有模糊帧的素材删除掉；如果视频素材不够丰富，那么这类有瑕疵的素材也要保留，在后期剪辑时，可以对这种短视频素材进行合理的剪辑，不让模糊帧影响最终视频效果。

具体来说，可以将模糊帧删掉，或是在有模糊帧的位置进行视频分割，然后在这些位置添加一些转场效果。

清晰对焦的画面

对焦失败的画面

　　还有另外一类问题，虽然画面前后都有清晰的对焦，但因为对焦位置发生变化，导致画面产生了较大的虚实变化。这种情况的素材，只要画面从模糊到清晰的过渡比较柔和，素材是没有问题的；如果虚实变化过快或是变化幅度非常大，那么也需要按照之前介绍的方法，删掉对焦点改变位置的帧，或是在这些帧的位置添加转场效果等。

对焦点在近景的画面

对焦点在中景的画面

有些逆光拍摄的大光比场景，最终素材当中容易出现局部严重曝光过度或不足的问题，那么存在这种问题的视频素材也不应该选择。如果这种曝光有瑕疵的视频必须保留，那么同样按照之前介绍的方法，删除有问题的帧画面，或是在有问题的帧画面位置对视频进行分割，然后添加转场或特效滤镜，对问题进行遮挡。

曝光严重过度的画面

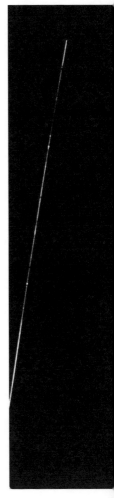

局部曝光有瑕疵，但尚
在可接受的范围之内

防抖、防闪

对于视频画面来说，抖动和闪烁是常见的两大类问题，一般比较容易出现在初学者拍摄前期素材时。如果视频不够稳定，或者画面频繁闪烁，那么最终的短视频效果质量一定会很差。

实际上，如果是固定镜头，只要三脚架足够稳定，一般不会出现抖动的问题；大部分抖动幅度过大的视频，都是手持拍摄所导致的。所以说，要拍摄运动镜头，一定要使用稳定器，并尽量让运动过程平稳一些。

固定镜头拍摄的画面1

"兔笼"是用数码单反相机拍摄运动
镜头时提高稳定性非常有效的附件

固定镜头拍摄的画面2

下面这组画面显示的是使用手机拍摄运动镜头时，借助于稳定器来提高视频稳定性，进行防抖的过程。可以看到，这是一个升镜头的运动镜头拍摄过程，摄影师双手握住稳定器缓慢站起，进行拍摄，最终拍到升镜头的画面效果。

升镜头拍摄1

升镜头拍摄2

升镜头拍摄3

在拍摄场景当中存在快速飘动的云朵时，画面容易出现闪烁的问题。

对于画面频繁闪烁的问题，我们往往需要借助于PC端的一些专业软件进行处理，如After Effects等。如果你没有使用这类软件的能力，那么对于频繁闪烁的素材，一定要删掉。

闪烁画面1

闪烁画面2

下图显示的是使用Adobe公司旗下的软件After Effects进行视频去闪的处理操作。具体处理时，需要将去闪插件安装到After Effects中，再根据具体的闪烁情况进行处理，还是比较麻烦和费时的。

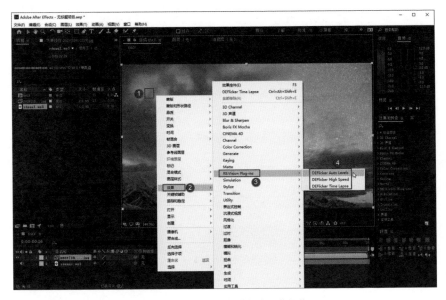

在After Effects中借助于DEFlicker插件对延时视频进行去闪的操作

帧频流畅

在第1章当中，介绍关于帧频的概念时，我们曾经讲过，拍摄短视频之前要进行帧频的设定，要将帧频设置得高一些，最低也不能低于30fps。因为帧频越高，视频效果越平滑；如果帧频过低，那么视频画面在播放时会有跳跃感，不够平滑和细腻。

在选择素材时，一定要注意帧频这个参数，不宜选择帧频过低的素材。如图所示，帧速率即帧频为9.99帧/秒（9.99fps），这是非常低的。

银河.mp4
MP4 文件

时长：	00:21:54
大小：	163 MB
帧宽度：	1710
帧高度：	1028
分级：	☆ ☆ ☆ ☆ ☆
修改日期：	2021/7/1 23:48
创建日期：	2021/7/1 23:44
帧速率：	9.99 帧/秒
数据速率：	940kbps
总比特率：	1039kbps

查看视频的帧频

烟花延时短视频画面

02
内容角度

对于视频素材的选择，从内容角度来说，主要从构图、景别、镜头这几个角度来考虑。

构图合理

虽然视频是动态媒体，不同的画面变化会弱化构图对于最终效果的影响程度，但选择更理想的构图方式，依然会提升短视频的品质。从这个角度来说，对于短视频创作者，一些构图技术和理论是必须要掌握的。

像下页图所示这两个画面，第一个画面当中，天空与地景接近于均分，画面有一种割裂感，并且切到了人物，画面给人的感觉很不舒服。

第二个画面采用三分法的方式进行构图，天际线位于画面上1/3位置，没有切割人物，画面给人的感觉会好很多。

不够合理的短视频构图

相对合理的短视频构图

从构图在智能终端的应用来说，画面构图合理性还体现在要多挑选一些竖构图的素材，这更利于展现画面的内容。对于在手机等智能终端上播放的画面来说，横构图的空间浪费是比较大的，特别是一些包含人物的短视频素材。

竖屏人物类短视频1　　　　　　　　竖屏人物类短视频2

景别选取

对于短视频来说，丰富的景别变化，也有利于让短视频最终呈现出更好的效果，更耐看。所以在选择素材时就要注意，远景、全景、中近景和特写都要选择一些，不能让某一类景别的视频素材过多，最终导致画面出现生硬的堆砌感。

下面这组画面，先从远景开始，交代环境、天气等信息；然后接全景交代一些重点对象的动作、行为等；之后接中景表现一些对象的造型等特点；最后接一个特写镜头表现景物质感和细节。

远景交代环境

远景之后接全景

全景之后接中景

中景之后接特写

运动与固定镜头

对于素材的选择，我们还应该注意运动镜头与固定镜头的搭配，合理的动静结合才能够让短视频更耐看。

固定镜头，摄影机机位、镜头光轴和焦距都固定不变，而拍摄对象可以是静态的，也可以是动态的，只是画框是固定不动的。摄影器材在运动中拍摄的镜头，叫运动镜头，也叫移动镜头。

下面是一个美术馆的宣传短视频，就采用了固定镜头与运动镜头结合的方式来进行呈现。

前两幅画面是固定镜头的两个画面，可以看到只有画面中的水珠在向下滚动。

固定镜头画面1

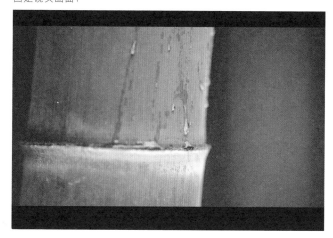

固定镜头画面2

下面这两个画面，则是一个推镜头的两个帧画面，可以看到上图要近一些，下图是在逐渐拉远的。

拉镜头画面1

拉镜头画面2

实际上，除推拉等运动镜头之外，我们还应该注意选择其他一些不同的运动镜头形式，来丰富画面的多样性，让画面更加耐看。下面所示是拍摄者同样骑在马上，进行跟拍的运动镜头的一帧画面。

跟镜头画面1

跟镜头画面2

第3章

短视频剪辑基本常识

本章介绍在进行短视频后期剪辑之前，需要创作者掌握的一些基本常识。掌握了这些基本知识，有助于创作者创作出更高品质、更有内涵、更耐看的短视频。

01

镜头组接规律

＼

比较正式的短视频，大多不止一个镜头，而是多个镜头组接起来的综合效果。多个镜头进行组接时，要注意特定的一些规律，这样才能让最终剪辑而成的短视频更自然、流畅，整体性更好，如同一篇行云流水的文章。

景别组接的4种方式

一般来说，两个及以上镜头组接起来，景别的变化幅度不宜过大，否则容易出现跳跃感，让组接后的视频画面显得不够平滑、流畅。简单来说，如果从远景直接过渡到特写，那么跳跃性就非常大；当然，跳跃性大的景别组接也是存在的，即我们后续将要介绍的两极镜头。

1. 前进式组接

这种组接方式是指景别的过渡景物由远景、全景，向近景、特写依次过渡，这样景别变化幅度适中，不会给人跳跃的感觉。

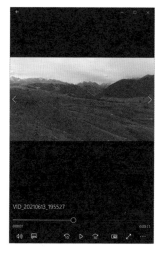

远景

全景

中景

特写

2. 后退式组接

这种组接方式与前进式正好相反，是指景别由特写、近景逐渐向全景、远景过渡，最终视频可以呈现出细节到场景全貌的变化。

3. 环形组接

这种组接方式其实就是将前进式与后退式两者结合起来使用，景别是由远景、全景、近景到特写过渡，之后再由特写、近景、全景向远景过渡。当然，也可以先后退式组接，再接一个前进式组接。

4. 两极镜头

所谓两极镜头，是指镜头组接时由远景接特写，或是由特写接远景，跳跃性非常大。让观者有较大的视觉落差，形成视觉冲击，一般在影片开头和结尾时使用，也可用于段落开头和结尾，不适宜用作叙事镜头，容易造成叙事不连贯等问题。

远景画面　　　　　　　　　　特写画面

除上述几种组接方式之外，在进行不同景别的组接时，还应该注意：同机位、同景别，又是同一主体的镜头最好不要组接在一起，因为这样剪辑出来的视频画面当中景物变化幅度非常小，不同镜头画面看起来过于相似，有堆砌镜头的感觉，好像同一镜头不停地重复，没有逻辑性可言，给观众的感觉自然不会太好。

固定镜头组接

　　固定镜头的核心就是画面所依附的框架不动，画面中人物可以任意移动、入画出画，同一画面的光影也可以发生变化。

固定镜头画面1

固定镜头画面2

　　固定镜头有利于表现静态环境，实际拍摄当中，我们常用远景、全景等大景别固定画面交待事件发生的地点和环境。

　　视频剪辑当中，固定镜头尽量要与运动镜头搭配使用，如果使用了太多的固定镜头，容易造成零碎感，不如运动画面可以比较完整、真实地记录和再现生活原貌。

　　并不是说固定镜头之间就不能组接，一些特定的场景当中，固定镜头的组接也是比较常见的。

　　比如说，我们看电视新闻节目，不同主持人播报新闻时，中间可能是没有穿插运动镜头过渡的，而是直接进行组接。

新闻节目中经常会见到固定镜头的直接组接

再比如说，表现某些特定风光场景时，不同固定镜头呈现的可能是这个场景不同的天气，有流云、有星空、有明月、有风雪，这时进行固定镜头的组接就会非常有意思。但要注意的是，这种同一个场景不同气象、时间等的固定镜头进行组接，不同镜头的长短最好要相近，否则组接后的画面会产生混乱感。

下面这4个画面，显示的是颐和园的同一个场景，同样是固定镜头，但显示了不同时间段的天气信息。

固定镜头1

固定镜头2

固定镜头3

固定镜头4

相似画面固定镜头组接的技巧

表现同一场景、同一主体，画面各种元素又变化不是太大的情况下，还必须进行固定镜头的组接，怎么办呢？其实也有解决办法，就是在不同固定镜头中间用空镜头、字幕等进行过渡，这样组接后的视频就不再会有强烈的堆砌与混乱感。

运动镜头组接

运动镜头的动态变化，模拟观众视线移动，更容易调动观众的参与感和注意力，引起观众强烈的心理感应。

运动镜头的组接，并不仅限于运动镜头之间的组接，其实还包括了运动与固定镜头的组接。从镜头组接的角度来说，运动镜头组接是非常复杂和难以掌握的一种技能，特别考验影视剪辑人员的功底与创作意识，因为这其中还要涉及镜头起幅与落幅、剪辑点的相关知识。

1. 动接动：运动镜头之间的组接

运动镜头之间的组接，要根据所拍摄主体、运动镜头的类型来判断是否要保留起幅与落幅。

举一个简单的例子，在拍摄婚礼等庆典场面的视频时，不同主体人物、不同的人物动作镜头进行组接，那么镜头组接处的起幅与落幅就要剪掉；而对于一些表演性质的场景，对不同表演者都要进行一定的强调，所以即便是不同主体人物，那么组接处的起幅与落幅可能就要保留。之所以说是可能要保留，是因为有时要追求紧凑、快节奏的视频效果，这种情况下可能需要剪掉组接处的起幅与落幅。

所以说，运动镜头之间的组接，要根据视频想要呈现的效果来进行判断，是比较难掌握的。

运动镜头1

运动镜头2

2. 静接动：固定镜头和运动镜头组接

大多数情况下，固定镜头与运动镜头组接，需要在组接处保留起幅或落幅。如果是固定镜头在前，那么运动镜头起始最好要有起幅；如果运动镜头在前，那么组接处要有落幅，避免组接后画面显得跳跃性太大，令人感到不适。

上述介绍的是一般规律，但在实际应用当中，我们可以不必严格遵守这种规律，只要不是大量固定镜头堆积，中间穿插一些运动镜头，就可以让视频整体效果流畅起来。

下面这个短视频表现的是长城的美景，开始是2个固定镜头，后接了3个运动镜头。

固定镜头1

固定镜头2

运动镜头1：起幅

运动镜头1

运动镜头2   运动镜头3

轴线与越轴

轴线组接的概念及使用都很简单，但又非常重要，一旦出现违背轴线组接规律的问题，那么视频就会出现不连贯的问题，感觉非常跳跃，不够自然。

所谓轴线，是指主体运动的线路，或是对话人物之间连线所在的线路。

我们看电视剧，如果你观察够仔细，就会发现，尽管有多个机位，但总是在对话人物的一侧进行拍摄，都是在人物的左手侧或是右手侧。如果同一个场景，有的机位在人物左侧，有的机位在右侧，那么这两个机位镜头就不能组接在一起，否则就称为"越轴"或是"跳轴"。这种画面，除了特殊的需要以外是不能组接的。

所以，一般情况下，主体物在进出画面时，我们需要注意，总是从轴线一侧拍的。

02

起幅：运镜的起始

起幅：运镜的起始

起幅是指运动镜头开始的场面，要求构图好一些，并且有适当的长度。

一般有表演的场面应使观众能看清人物动作，无表演的场面应使观众能看清景色。具体长度可根据情节内容或创作意图而定。起幅之后，才是真正运动镜头的动作开始。

起幅画面1

起幅画面2

落幅：运镜的结束

落幅是指运动镜头终结的画面，与起幅相对应。要求由运动镜头转为固定画面时能平稳、自然，尤其重要的是准确，即能恰到好处地按照事先设计好的景物范围或主要拍摄对象位置停稳画面。

有表演的场面，不能过早或过晚地停稳画面，当画面停稳之后要有适当的长度使表演告一段落。如果是运动镜头接固定镜头的组接方式，那么运动镜头落幅的画面构图同样要求精确。

如果是运动镜头之间相连接，画面也可不停稳，而是直接切换镜头。

落幅画面1

落幅画面2

03
什么是剪辑点

　　剪辑点是指影视片由一个镜头切换到下一个镜头的组接点。

　　初学者可能容易将剪辑点、起幅、落幅这几个概念弄混，实际上剪辑点更简单一些，就是指一段视频从哪个位置截断，之后再与其他镜头进行组接。虽然说概念比较简单，但剪辑时对于剪辑点的选择不能太随意，要考虑镜头之间的前后逻辑关系，进而通过剪辑点将一些无效画面或是与剪辑效果相关性不大的画面排除掉，让镜头之间的衔接更紧凑、流畅。

　　例如下面这个短视频，开始是骑行在高山牧场上，正在赶回营地，由近景逐渐过渡到远景，再由远景回到近景的营地，最后再由营地转到远景，回顾整个环境。这中间会有几个明显的剪辑点。

镜头1：画面1

镜头1：画面2，延伸到远景后，可以作为剪辑点，准备切换到下一个镜头

镜头2：空镜头，转场　　　　　　　　　　　　镜头3：画面1

镜头3：画面2，推镜头后准备转到下一个镜头

镜头4：跳转到最后的结束镜头

04
长短镜头与组接时长

长镜头与短镜头

视频剪辑领域的长镜头与短镜头，并不是指镜头焦距长短，也不是指摄影器材与主体的距离远近，而是指单一镜头的持续时间。一般来说，单一镜头持续超过10s，可以认为是长镜头，不足10s则可以称为短镜头。

1. 固定长镜头

拍摄机位固定不动，连续拍摄一个场面的长镜头，称固定长镜头。

固定长镜头

2. 景深长镜头

用拍摄大景深的参数拍摄，使所拍场景远景的景物（从前景到后景）都非常清晰，并进行持续拍摄的长镜头称为景深长镜头。

例如，我们拍摄一个人物从远处走近，或是由近走远，用景深长镜头，可以让远景、全景、中景、近景、特写等都非常清晰。一个景深长镜头实际上相当于一组远景、全景、中景、近景、特写镜头组合起来所表现的内容。

景深长镜头

3. 运动长镜头

用推、拉、摇、移、跟等运动镜头的拍摄方式呈现的长镜头，称为运动长镜头。一个运动长镜头就可能将不同景别、不同角度的画面收在一个镜头当中。

运动长镜头

商业摄影当中，长镜头的数量更能体现创作者的水准，长镜头视频素材的商业价值也更高一些。我们看一些大型庆典、舞台节目时，长镜头可能会比较多。也可以这样认为，越是重要的场面，越要使用长镜头进行表现。

一些业余爱好者剪辑的短视频，单个镜头只有几秒，并且镜头之间运用大量转场效果，这看似是一种"炫技"行为，实际上恰恰暴露了自己的弱点。

一般来说，长镜头更具真实性，给人时间、空间、过程、气氛都非常连续的感觉，是真实的，排除了一些作假、替身的可能性。

不同景别镜头时长

我们已经多次介绍过景别的相关知识技巧，实际上，在进行后期剪辑时，有这样一条比较有效的经验：在多个镜头组成的短视频当中，绝大多数情况下不同镜头的时长，是由该镜头的景别所决定的。远景画面内容较多，需要交代环境等非常多的内容，所以往往时长要更长一些；全景交代的内容少一些，所以往往镜头时长要次之；再到中近景和特写，镜头时长变得更短。

远景画面

中近景画面

05
空镜头的使用技巧

空镜头又称"景物镜头",是指不出现人物(主要指与剧情有关的人物)的镜头。空镜头有写景与写物之分,前者通称风景镜头,往往用全景或远景表现;后者又称"细节描写",一般采用近景或特写。

空镜头常用以介绍环境背景、交代时间与空间信息、酝酿情绪氛围、过渡转场。

一般的短视频,空镜头大多用来进行衔接人物镜头,实现特定的转场效果或是交代环境等信息。

运动镜头1

空镜头

运动镜头2

第4章

快速掌握剪映的功能

本章将介绍借助于剪映 App 来制作一部比较完整的短视频的技巧，具体包括视频封面、音乐、文字添加、文字制作、添加转场等技巧。

01

导入视频及图片素材

首先打开剪映，点击"开始创作"，点击"照片"，可以从图库中选择一些图片插入短视频当中，即对于短视频的创作，可以使用视频素材，也可以使用照片素材。

本例中我们不选择图片素材，直接单击切换到"视频"界面，单击选择两个视频素材，勾选左下角的"高清"选项，然后点击"添加"按钮，将视频导入到剪映中。

导入视频素材

第一段素材是竖屏的爬山的素材，第二段素材是横屏的雪中云海延时素材。

竖屏爬山素材

横屏雪中云海延时素材

02

视频剪辑全流程

统一视频的比例

接下来要调整两段视频的画面比例，使第一段视频和第二段视频画面比例一致。由于第一段视频是竖屏的，画面比例已经是9：16，所以不另做调整；而第二段视频是横屏的，视频上下两个部分是没有内容填充的。

我们可以填充视频上下两个部分的空白区域。将白色指针移动到第二段视频素材上，这样可以将第二段视频选中，然后点击"比例"按钮，这时打开的页面底部会出现比例菜单栏。

选择"9：16"选项，这样两段视频的画面比例就一致了，然后点击"<"按钮，返回上一级菜单栏中。

统一视频画面的比例

为视频添加背景

改变横屏视频素材的比例后，我们准备为视频上下空白的区域填充一些颜色、样式或虚化效果，从而让画面整体更协调。点击"背景"按钮，页面底部会出现画布颜色、画布样式、画布模糊这三个选项。

选择"画布颜色"选项，可以设置自己喜欢的画布颜色，例如这里选择了三种不同的画布背景色，如果最终决定使用这种背景色，直接点击"√"按钮确定操作即可。

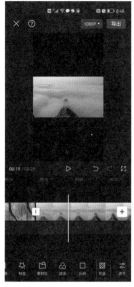
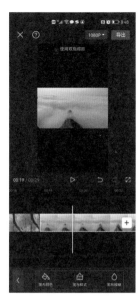

点击"背景"按钮

设置画布颜色

如果要使用画布样式来填充视频上下的空白区域，可以点击"画布样式"，选择自己喜欢的画布样式，然后点击"√"按钮完成操作即可。

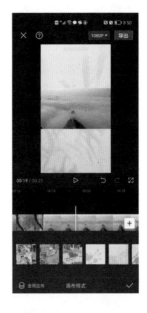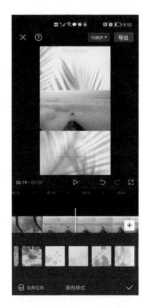

设置画布样式

对于本段视频来说，个人感觉为背景填充虚化效果会更理想，与第一段视频会有更好的协调效果。所以点击"画布模糊"，选择需要模糊的画布背景，然后点击"√"按钮完成操作。

添加原视频的模糊背景后，在播放视频时，前后两段视频的内容及颜色都不会相差太多，视频效果不会有违和感，会更自然。

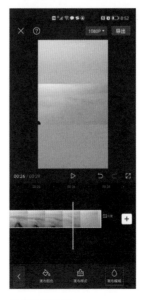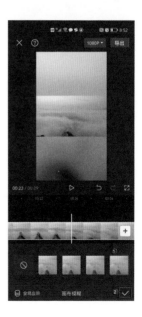

设置画布模糊

为视频添加封面

接下来，我们来为最终的视频添加封面。

首先把视频进度条拖到视频开始的位置；点击"设置封面"，然后滑动进度条选择一个视频画面，再单击左下角的"封面模板"。

添加视频封面

在下方的模板列表当中，选择一款好看且与视频主题相搭配的模板，此时界面中出现了视频标题文字；点击标题文字编辑框右上角的修改文字图标，在下方的文本框中输入标题，然后单击"√"按钮；对于上方的英文标题，如果想要添加，直接修改，如果不想添加，可以点击左上角的"×"按钮将英文标题删掉，再单击"√"按钮完成添加。

添加标题

如果视频素材中没有特别适合作为封面的画面，也可以从相册中选择一张图片作为封面。下面进行简单演示。

点击"设置封面"后，点击"相册导入"，在"Camera"（也可以是其他相册）中选择一张与主题匹配的、整体表现力更好的图片作为封面，最后点击"确认"按钮。

从相册中导入封面图片

之后，单击"添加文字"按钮，在画面上出现的文本框的边框右上角点击"修改文字"图标，在下方的文本框中输入标题；之后还可以为标题添加"样式"。

添加标题

之后，还可以为标题文字设置花字等修饰效果；如果感觉标题文字太小，可以点住文本框右下角的"缩放"图标进行拖动，以改变标题文字的大小。

调整标题文字大小

封面设置完成之后，点击右上角的"保存"按钮。再点击"＜"按钮，回到上一级菜单中准备进行其他处理。

封面的设置可以用于抖音、快手或其他短视频平台上传视频的应用，虽然在播放视频的时候封面可能就一闪而过，但是如果大家想制作自己的短视频，就要在视频开头的时候设置封面。

为视频添加音乐

接下来，我们为视频添加背景音乐效果。

首先把视频进度条拖到开始的播放画面，为了避免原视频当中的声音影响效果，可以先点击"关闭原声"将现场声音关掉；然后点击"音乐"按钮。

关闭视频原声，然后点击"音乐"

在展开的"添加音乐"列表中，选择"旅行"这一类目，之后在旅行类音乐列表中选择自己想要的音乐效果，选好之后点击该音乐右侧的"下载"按钮，将音乐下载到本地，再点击"使用"按钮，即可将这段音乐添加到短视频当中。

添加音乐

　　此时可以看到，在视频轨道下方出现了音频轨道。因为后续我们还想要添加配音，背景音乐的声音不能太大，所以在左下角点击"音量"按钮，之后拖动音量滑块，降低音量。最后单击"√"按钮完成操作。

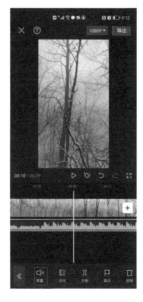

调整音量

两段短视频素材一共是29秒，但背景音乐时间比较短，因此要进行延长，让所有的素材都有背景音乐。首先点击选中下方的音频轨道，在下方点击"复制"，这样可以复制出一段同样的音乐，会接在第一段音乐的后方；此时背景音乐又过长了，所以拖动进度条到画面的最后，点击"分割"按钮将复制后的音乐分割开，然后点击分割出的最后的这段音乐，再点击"删除"按钮将多余的音乐删掉即可。

调整音乐的长度

为视频添加文字

接下来，我们再为短视频添加说明性文字。

返回后，首先点击"文字"按钮，在文字菜单中有新建文本、文字模板、识别字幕、识别字幕、识别歌词和添加贴纸等选项。

这里直接点击"新建文本"按钮，然后在文本框中输入说明性文字，最后点击"√"按钮完成添加。

添加文字说明

此时可以看到文字过大，超出了视频范围。这时点住文本框右下角的"缩放"按钮拖动，来改变文本框的大小，文字大小也会相应改变。

对于添加的说明文字只出现几秒的问题，可以点住文字轨道右侧的标记线向右拖动，到视频最后。再点击"<<"按钮，返回到上一级菜单中。

延长文字显示的时间

为视频配同期声

如果要为视频添加旁白或配音，可以点击页面底部的"音频"按钮，再点住"录音"
按钮，就可以开始录制声音了，录制完成后点击右下角的"√"按钮即可完成。

录制声音

为视频添加转场

接下来为视频添加转场。在两段素材相接的地方有一个"转场"图标，点击"转场"
图标，可以在转场菜单中为视频添加自己喜欢的转场效果，并且还可以根据视频需要来调
整转场时长。这里选择"渐变擦除"效果，将转场时长调整为4.1S，完成后点击"√"按
钮，这就为两段视频素材添加了转场效果。

添加转场效果

删除片尾水印及广告

完成视频的剪辑处理后，如果直接输出，那么在片尾会带有剪映的广告信息，我们可以将其删除。

将进度条拖动到片尾处，之后点击这段片尾，然后在下方点击"删除"按钮，即可将片尾广告删除。

删除片尾广告

03

导出视频设定及操作

视频制作完成后，需要导出视频，以便进行后续的保存及分享等操作。

点击右上角的"导出"按钮，画面会显示正在导出，导出完毕后的视频可以直接分享到抖音或西瓜视频，同时也会被保存在用户自己的手机相册中。

导出视频

在剪映App中还有很多功能，例如人声识别或字幕识别等，这里就不过多介绍了。在后续章节当中，我们还将对各种实用功能进行详细讲解。

04

强大的人工智能算法应用

一键成片

下面介绍剪映App当中的一键成片功能。对于"手残党"和"剪辑小白"来说，直接套用剪映App中的模板或者运用剪映App的一键成片功能是最简单的剪辑方式。

1. 图片变视频

首先打开剪映App，点击"一键成片"按钮，在本地相册中选择几张图片，然后点击"下一步"按钮，软件就会自动合成一个视频成片。

点击"一键成片"

合成之后，界面下方会出现非常多的模板选项，这些模板都是包含字幕和特效的，在其中选择一个喜欢的模板即可。由于这里选择的都是图片，所以匹配的多数是音乐相册类的模板。

选择模板

选中一个模板之后，点击"点击编辑"按钮还可以编辑模板的样式，点击"文本编辑"还可以对模板上的文本进行编辑。

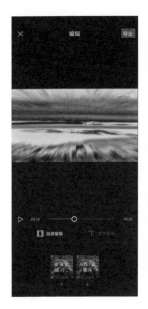

编辑模板样式和文本

最后点击右上角的"导出"按钮，将视频导出即可。

导出视频

2. 视频与图片混编

如果我们导入的是几
张图片和一个视频，软件
就会自动合成视频加照片
的模板。

视频与图片混编

3.视频合成

如果导入的是两个视频，那么软件就会自动合成很多视频模板供用户选择。

导入的是两个视频

选择一个喜欢的模板之后，点击右上角的"导出"按钮，再选择"无水印保存并分享"，将视频导出即可。

导出视频

剪同款功能

如果你不喜欢一键成片的效果，还可以使用"剪同款"功能，模仿一些同款精彩短视频的样式。

具体操作时，点击"剪同款"按钮，进入剪同款界面，可以看到列表中有非常多的模板，并且是分好类别的，例如推荐、卡点、萌娃、情感、玩法等。

"剪同款"模板

随便选择一个模板点进去，就会播放这个模板的效果，点击"剪同款"按钮，在本地相册中选择几张想要编辑的照片，再点击"下一步"按钮。

选择模板和照片

这样就会生成一个同款视频了，整个剪辑过程就是这么简单。

生成模板同款视频

图文成片

下面介绍如何在剪映App中制作简单的图文成片（图文短视频）。

什么是图文成片呢？这是剪映App推出的一个非常好用的功能。很多人比较惧怕剪辑，是因为需要使用大量繁复的功能，还要花费大量的时间，需要自己耐心地、一点点地去制作，才能完成整个视频制作的流程。而"图文成片"功能相当于只要把你写的文字脚本放进去，它就会自动生成一个视频。但是只有5.1.0以上的版本才支持使用此功能，所以一定要把剪映更新到5.1.0以上的版本。

首先打开剪映App，点击"图文成片"按钮，"图文成片"界面有"粘贴链接"和"自定义输入"两个选项。

"粘贴链接"支持使用今日头条链接生成视频。也就是说，如果你在浏览今日头条的时候发现里面有一些新闻或一些脚本很不错，但是你又不想手动去打字的话，就可以点击"粘贴链接"按钮，把今日头条的文本链接复制下来，然后粘贴在这里，它就可以自动提取今日头条里面的文字，然后再去重新匹配，生成一个新的视频。

点击"图文成片"

"自定义输入"支持输入文字内容生成视频。也就是说，如果你想做自己的视频，想自己写脚本，可以在自定义里面输入自己喜欢的文字脚本，最多可以输入1 500字。但我们通常会输入200字左右的脚本，大概可以生成一分钟左右的视频。

自定义输入脚本

例如，输入徐志摩的《再别康桥》，点击右上角的"生成视频"按钮，软件就会自动开始匹配图文，最终生成一个图文成片。可以看到，图文成片包含三个轨道，第1个轨道是软件自动匹配的图片，第2个轨道是我们自己输入的文本，第3个轨道是软件自动匹配的背景音乐。

自动生成图文成片

目前看来，软件自动匹配的图片有4张，其中第1张和第2张图片都还好。

剪映自动匹配的图片

但是第3张和第4张图片就很难看，可能有一些没抓取到位。那么这个时候怎么办呢？

匹配的第3张和第4张图片并不好

以第3张图片为例，由于同样的图片同时显示在两段视频中，所以我们要分开处理。

第3张图片要分开处理

先将第1段视频选中，然后点击"替换"按钮，就会出现图片素材的界面，可以在这里直接替换一张自己喜欢的图片。

替换图片

如果图片素材中没有合适的图片，你也可以自己搜索一些网络素材。比如在搜索框内输入"清风"，在搜索出来的素材中选择一张满意的图片，点击"完成"按钮，这样就完成了图片的替换。注意：这里面的素材都是网图，不能用于商业用途，仅做视频分享是可以的。

在网络素材中选择替换的图片

用同样的方法选中第2段视频，点击"替换"按钮，在搜索框中输入"招手"，选择一个合适的图片，点击"完成"按钮，实现另一张图片的替换。

替换另一张图片

如果你觉得软件自动匹配的声音不好听，可以点击"音色"按钮，选择一个自己喜欢的音色，例如"小姐姐"，完成后点击"√"按钮。

选择喜欢的音色

如果你觉得软件自动匹
配的背景音乐不好听，可以
点击"背景音乐"按钮，根
据自己的喜好去替换音乐。
在这里既可以选择自己收藏
的音乐，还可以去网络上搜
索自己想要的音乐。

选择自己喜欢的背景音乐

如果你不喜欢横屏的
视频，可以点击"比例"按
钮，再选择"9：16"选项，
这样视频就会变成竖屏的。

将横屏视频改变为竖屏

最后点击"播放"按钮，整体预览一下视频，如果觉得视频没有问题了，直接点击右上角的"导出"按钮，将视频导出即可。

导出视频

第5章

短视频调色基础与实战

本章介绍短视频影调与色调调整的基本常识、基本美学规律，以及如何借助剪映APP对短视频进行影调与色调的调整。

01

调色的基本要求与审美

视频画面艳而不腻

  如果我们将视频画面的饱和度提得特别高，可能会让人眼前一亮，但如果仔细观察，就会发现画面特别不耐看，色彩失真，有非常油腻的感觉。

> **TIPS**
>
> 如果对视频的色彩要求比较高，可以在 PC 端，借助于专业的视频调色软件进行调色。

画面饱和度过高，给人一种油腻的感觉，看起来不够舒服

实际上在视频的后期调色过程当中，我们应该要注意，画面的色感可以适当强一些，即适当提高饱和度，但饱和度绝对不能太高。

画面的饱和度比较适中，在确保有较高色感的前提下，依然能给人很舒适、自然的感觉

色彩与心理情感

1. 红色系画面

红色代表爱意、热烈、热情、力量、浪漫、警告、危险等情感信息，是一种非常强烈的色彩表现，容易引起人们的注意。在中国，红色通常是喜庆的象征，在传统婚礼、欢庆场合的摄影中较为常见，能够传达出热烈的感觉。

传统建筑当中红色成分的应用

橙色系画面有时会在热烈的情绪中孕育着危险的信息

2. 橙色系画面

橙色是介于红色与黄色之间的混合色，又称为橘黄色或橘色。一天中，早晚的环境是橙色、红色与黄色的混合色彩，通常能够传递出温暖、活力的感觉，有时候还可以传达危险的心理暗示。

因为与黄色相近，所以橙色经常会让人联想到金色的秋季，是一种收获、富足、快乐而幸福的颜色。

3. 黄色系画面

黄色可传达出明快、简洁、活泼、温暖、健康与收获等情感。在中国，黄色还代表着贵重与权势。黄色是非常靓丽的色调，在很多时候都能给人一种眼前一亮、豁然开朗的感觉。

黄色让画面显得非常干净

4. 绿色系画面

绿色代表自然、和谐、安全、成长、青春与活力等情感。自然界除冬季外，春夏秋季节中绿色最为常见，春季的淡绿代表成长与活力，夏季的绿色传达出浓郁的气息，秋季的黄绿色则象征着自然的过渡。绿色往往不是单独呈现的色彩，与红色搭配会非常完美，与其他色调搭配使用时要注意画面的协调与美感。

夏季的绿色深浅不一，但整体显得非常协调，给人一种生机盎然的感觉

5. 青色系画面

青色是自然界中比较另类的一种颜色，正常的环境中一般很少有青色，因此其多为人工合成的颜色，如一些墙体、装饰物被调和成青色。拍摄视频时，可以适当提高曝光值，让天空变为青色，给人一种青涩、自由的感觉。

青色系画面表现出一种自由、萌动、青涩的感觉

6. 蓝色系画面

蓝色代表专业、深邃、理智、宁静等情感。我们经常见到的计算机软件公司网页或是Logo会以蓝色调为主，表达出专业与理智的感觉，而天空的深蓝又是深邃与宁静的代表，蓝色调的大海也会传达出深邃与宁静的感觉。

蓝色系的风光画面往往会显得非常干净，能够让人平静下来

都市的蓝色能够表现出智慧、科技的信息

7. 黑色与白色系画面

白色并不是某种光谱的颜色，而是各种不同颜色光谱的混合。白色能够表达人类多种情感，如平等、平和、纯净、明亮、朴素、平淡等。拍摄白色的场景时，要特别注意整体画面的曝光控制，因为白色部分很容易会因曝光过度而损失其表面的纹理感觉。

与白色调相反，黑色调的对象是因为吸收了几乎所有的光线，而几乎不进行光线反射。黑色传达出高贵、神秘、恐怖、死亡等情感。

单纯的黑白搭配色可以减少画面中的杂色影响观者的视觉体验，能将人们的注意力吸引到作品的内涵方面，并且画面视觉冲击力很强。

利用黑白对比的手法呈现画面，可以传达出一种高调或纯洁的感受

色彩的组合

1. 相邻色配色的画面

色彩的关系除互补色之外，如果两种颜色在色轮上的位置相近，如红色与黄色、黄色与绿色、绿色与蓝色等，这种颜色彼此的关系称为相邻色。相邻色的特点是颜色相差不大，区分不明显。

相邻色搭配，会给观者以和谐、平稳的感觉。另外使用相邻色搭配时要注意画面色彩层次的构造，因为相邻色有时看起来颜色非常相近，如红色与橙色，搭配在一起经常让人无法分辨，这样获得的摄影作品往往会缺乏层次，看起来乏味。因此使用相邻色搭配时，还应该注意主体与环境的搭配问题，可以通过环境来映衬主体，从而使得整个画面显得富有层次。

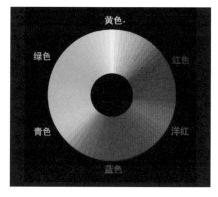

色轮上的红色与黄色、黄色与绿色等彼此互为相邻色

画面色彩由红色、黄色、绿色三色构成，给人一种非常稳定的视觉感受

2. 互补色配色的画面

色彩的互补是指从色轮上来看处于正对的两种颜色，两者相差180°左右，即在通过圆心的直径的两端。例如，绿色的互补色是洋红，蓝色的互补色是黄色，等等。

采用互补色彩组合，会给观者以非常强烈的情感表达，视觉冲击力很强，色彩区别明显清晰。在运用互补色时，并不是说两种互补色要平均使用，相反，如果一种色彩的面积远大于另外一种（其互补）面积时，画面的色彩对比效果更加强烈。

黑色与白色虽然在色轮上没有体现，但在通俗的说法中，也代表了两种色调，并且为互补的关系。这两种色调的画面能够表现出极为强烈的对比关系，视觉冲击力较强。

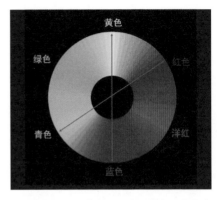

径两端的黄色与蓝色即互为互补色，此外青色与红色、绿色与洋红等都是互补色

由黄色、蓝色两种互补色构成的画面富有视觉冲击力，色彩感强烈

黑色与白色从某种
角度来看也是一种
互补色

3. 冷暖配色的画面

不同的色彩除能够代表不同的情绪外，还能传达出冷暖的信息。有时人们看到某种色彩会有发冷的感觉，而另外一些色彩则给人温暖的感觉，这种区别就是色彩的冷暖效果。在色轮上，以黄色和紫色所在的直径一侧，色彩比较热烈、温馨，这些色彩可以被称为暖色系。暖色系的色彩常见于喜庆、情感强烈的场景，人们日常生活中的庆典、聚会、仪式等多为暖色系搭配。春季和秋季也是暖色系比较多的时节，春季各种颜色的花多是暖色系的，秋季的黄、红枝叶和收获的果实等，也多为暖色系。

暖色系的画面可以表现出热烈的情感

在色轮上，紫色与黄色所在直径另一侧的色彩部分为冷色系，与暖色系相对。冷色系会给人一种冷却、理智的视觉体验，自然界中冷色系的代表有植物的绿色枝叶、流水的白色水花、蓝天白云、天然的大理石以及水泥混凝土的建筑物等。

冷色系的色彩可以表现出自然、清晰、理智或是纯净的情感。

冷色系的画面可以让人感受到平静、理智等情绪

02

画面影调与色彩调整

对于任何影像画面来说，它的明暗影调与色彩效果都是非常重要的。在剪映App中后期剪辑时，我们往往还要对画面整体的影调和色彩进行优化，下面介绍详细的功能原理及调整过程。

亮度：改变画面整体的明暗

打开剪映App，点击"开始创作"，选择要调整的视频，在界面左下角勾选"高清"，然后点击"添加"按钮。这样就可以将要调整的视频素材载入到剪映App当中。

拖动进度条，找到一个色彩感比较明显的帧画面上，然后在右下角点击"调节"，准备对视频素材进行影调和色彩的调整。

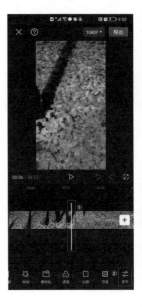

选择要调整的视频素材

"调节"功能的列表当中，有亮度、对比度、饱和度、光感、锐化等多种选项，下面分别进行介绍。

　　首先来看亮度调整。亮度调整主要改变的是视频画面整体的明暗状态，只有合适的明暗状态，才能够让短视频给人更好的观感。

　　点击"亮度"，进入亮度调节界面。将亮度提到最高，可以看到画面特别亮，给人的感觉非常不舒服，这是不合理的；如果将滑块调整到最暗的位置，画面非常暗，同样给人不舒服的感觉，所以我们拖动滑块找到一个亮度比较适中的位置。

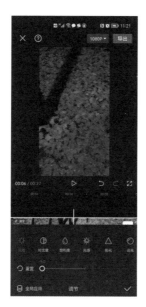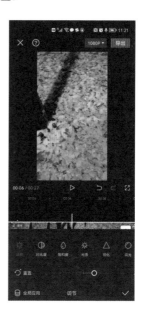

调整视频画面亮度

对比度：改变画面反差与层次

　　点击"对比度"，进入对比度调整界面。大幅度提高对比度的值后，可以看到亮部非常亮，暗部比较黑，这相当于强化了明暗的反差，画面的层次变得更丰富，但过渡不够平滑，画面是不够理想的。

将对比度调到最低，可以看到暗部与亮部的界限变得模糊，画面整体非常朦胧，同样不够理想。

因此，我们只要小幅度提高对比度的值即可。

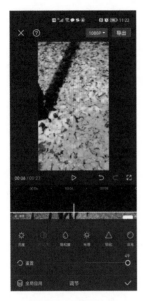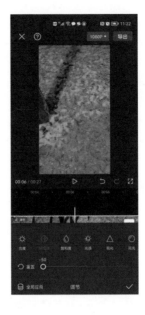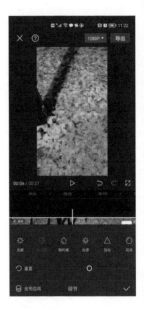

调整视频画面对比度

饱和度：改变画面色感

饱和度调整，主要改变的是画面的色彩感，比如说，可以将画面的色彩调到非常浓郁的程度，也可以调到相对淡雅，甚至变为黑白的效果。

点击"饱和度"，进入饱和度调整界面，将饱和度提到最高，可以看到画面色感很强，但有些失真；再将饱和度降到最低，可以看到画面同样失真，显得非常脏；最终我们将饱和度稍稍提高一点，画面看起来比较自然。

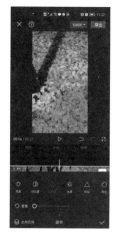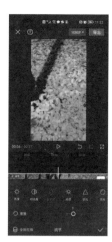

调整视频画面饱和度

光感：改变画面受光的感觉

　　所谓光感，是指画面受光线的感觉强度。点击"光感"，进入光感调整界面。大幅度提高光感的值，可以看到画面仿佛是受到了强烈的太阳光线照射的效果。这一段视频我们是在晚上拍摄的，显然不能让画面呈现出受强烈太阳光线照射的效果。因此我们可以改变光感的值，让画面效果柔和一些。

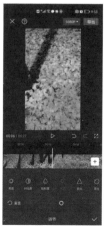

调整视频画面的光感

锐化：改变画面锐度

锐化用于调整画面的锐度，可以让画面变得更加柔和，或是更清晰、锐利。

点击"锐化"，进入锐化调整界面，将锐化的值提到最高，可以看到画面变得非常清晰、锐利，但不够自然。

因此，对于本例来说，我们可以稍稍提高锐度到38的位置，画面既能够兼顾清晰度，又能够得到比较自然的效果。

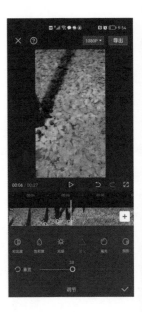

调整视频画面的锐度

高光与阴影：追回亮部或暗部细节层次

所谓高光，主要用于恢复画面最亮区域的细节和层次。

点击"高光"，进入高光调整界面。将高光值提到最高，可以看到画面最亮的位置足够亮，整体显得非常通透，但是最亮的部分损失了细节和层次，这是不合理的。对于本段视频来说，我们稍稍降低一点高光的值，从而让最亮的部分恢复出丰富的层次和细节。

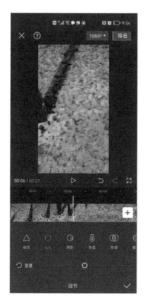

调整视频画面的高光

与高光相对，提亮阴影，就可以提亮暗部不够明显的细节层次。

点击"阴影"，进入阴影调整界面，将阴影提到最高，可以看到画面的暗部得到了极大的提亮，暗部显示出了足够丰富的细节和层次，但是整体的通透度严重下降，这也是不合理的。因此对于本段视频来说，阴影只提到35左右时，画面既能够兼顾暗部的细节与层次，也兼顾了画面的自然协调度。

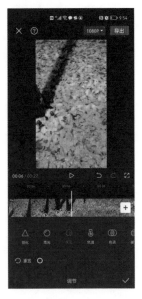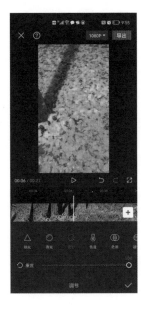

调整视频画面的阴影

色温：决定画面冷暖倾向

色温主要控制的是画面是向冷色调（蓝色）偏移，还是向暖色调（黄色）偏移。

点击"色温"，进入色温调整界面。将色温值调到最低，可以看到画面整体色调变得冷了很多，阴影部分偏蓝；将色温值提到最高，可以看到画面整体色彩严重偏橙色，也是不合理的。

对于本例来说，整体适当降低色温值，让画面稍稍偏冷一些即可。

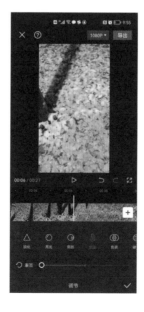

调整视频画面色温

色调：校正画面的绿色与洋红色

色调这个参数，它主要控制画面是向绿色偏移，还是向更热烈的洋红色偏移。

点击"色调"，进入色调调整界面。将色调值大幅度提高，可以看到画面偏紫，这是不合理的；将色调值降到最低，可以看到画面偏青绿色，这也是不合理的。对于本例来说，让色调值保持默认的状态即可。

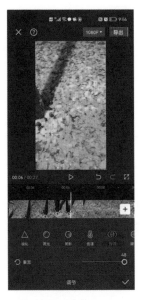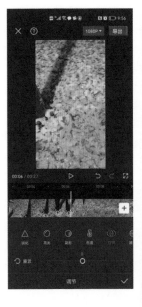

调整视频画面色调

褪色：降低色感，表现特定情绪

褪色与饱和度调整有些相似，但不完全相同。

提高褪色的值，可让画面整体显得色调比较沉稳。

另外需要注意的是，对画面进行褪色调整后，画面可能会传递给观者一些怀旧或是复古的情绪。

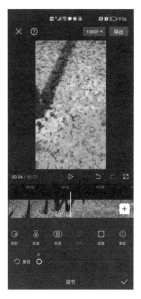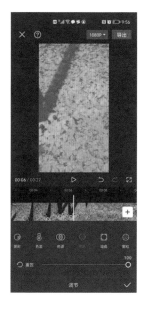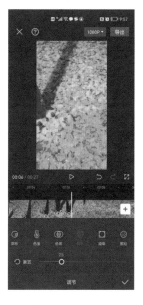

调整视频画面褪色

暗角：模拟胶片效果，聚集视线

暗角，是模拟胶片时代摄影机的一种画面效果，即让画面四周产生明显的暗角。

具体处理时，点击"暗角"，进入暗角调整界面。将暗角值提到最高，可以看到画面四周暗角太重，不够自然。对于本例来说，稍稍提高暗角的参数值，添加轻微的暗角即可。

这样，观者的视线会更容易集中在画面中间位置。

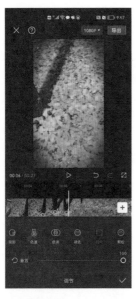

调整视频画面暗角

颗粒：模拟胶片质感

颗粒这个功能，是指为画面添加一些噪点颗粒，从而模拟胶片画面的一种感觉。

点击"颗粒"，进入颗粒调整界面，将颗粒值提到最高后，可以发现画面有了很强的质感，但是却明显失真，画质太差；对于本视频画面来说，小幅度提高颗粒的值即可。

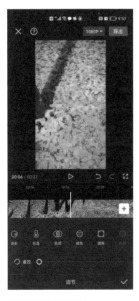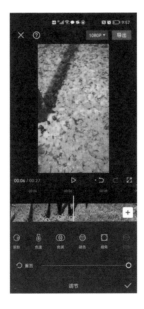

调整视频画面颗粒

03
将调整应用到全视频

在调色之前，我们是选择了特定帧画面进行的调整，此时可以对比调整前后的画面影调和色彩的变化情况。

另外，因为调整的是几个单独的帧画面，并不是整段视频，现在我们需要让调整效果扩展到整段视频。

可以直接点住"调节1"这个轨道最右侧的边线，将其向右拖动到画面轨道的右侧，与画面轨道右侧边线对齐。

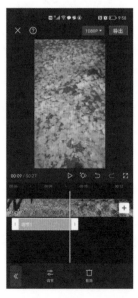

将"调节1"轨道右侧边线拖动到与画面轨道右边线对齐

点住"调节1"这个轨道的左侧边线，将其向左拖动到视频开始的位置，这样我们就将对视频的影调和色彩调整扩展到了整段视频上，整段视频都实现了调整的效果。

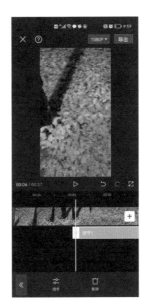

将"调节1"轨道左侧边线拖动到视频开始的位置

第6章

转场理论与剪映转场

视频是由一个个的镜头组成的，在镜头与镜头之间进行画面的转换，即称为转场。在视频后期剪辑时，我们可以对两个镜头之间的转场进行特定的编辑，从而实现一些特定的效果。

一般来说，视频的转场可以分为技巧转场和无技巧转场。

01

技巧转场

所谓技巧转场，是指借助于后期剪辑软件，对转场添加特效效果。这里要注意一点，技巧转场并非是要让转场效果变得非常炫就可以了，而是要让转场的效果来推动或暗示画面的场景变化，并给观者一些特定的心理暗示。

一般来说，技巧转场可分为以下一些类型。

闪白转场：掩盖瑕疵，增加变化

可以起到掩盖镜头剪辑点的作用，增加视觉的跳动变化。下面3图所示为闪白转场的过程。

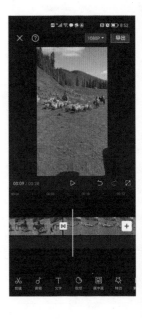

闪白转场

定格转场：强调主体对象

定格转场是指将画面运动主体突然变为静止状态，来对主体进行强调。下面3图所示为定格转场的过程。

定格转场

淡入和淡出转场：改变节奏

这是在后期剪辑中最常用的剪辑转场技巧。这种转场主要是受到戏剧舞台幕落、幕起的启发。一般当两个画面在时间、空间以及人物上具有很大差异时，为了使这两个画面连贯自然，常用淡入淡出的技巧进行转场。这种转场可以很好地改变视频画面的节奏，比如说由激烈到平缓，由压抑到明快，等等。

溶变转场：描述长时间跨度

这种转场主要表现为前一个画面渐渐消失，后一个画面渐渐显现，直到前一个画面完全消失，后一个画面完全显现。这类转场常被用来表述时间跨度较大的时空关系，例如从白天到夜晚、从冬天到春天、从儿童到少年等。

划变转场：营造明快的节奏

这种画面技巧的主要特点就是前一个画面渐渐划去，后一个渐渐划出，这个转场的动作是以"划"的形式完成的。这种画面技巧的作用在于可以加快节奏，给人一种活泼、明快的感觉。划的形式有很多种，例如帘形划、方形划、棱形划、圆形划、从上到下划、从下到上划、从左到右划、从右到左划、从左上角到右下角划、从右上角到左下角划等多种形式。一些科教题材的短视频比较适合运用这种转场技巧。

下面3图所示为划变转场的过程。

 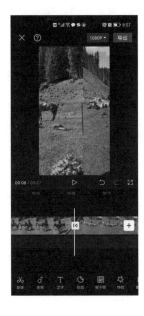 

划变转场

多画面转场：适合表现体育等运动题材

这种转场是指在画面上展示两个或两个以上子画面，主要作用就是表现多时空、多人物、多内容。体育类题材比较适用这类转场，因为传递的信息量大，所以给观众一种琳琅满目的感觉。

叠化转场：适用范围广泛的转场形式

这类转场技巧的适用范围非常广泛，也比较常用。主要表现为两个或两个以上画面重叠进行，对回忆、想象、梦境之类的心理活动，有着非常好的表现效果。

下面3图所示为叠化转场的过程。

叠化转场

02
无技巧转场

无技巧转场是指用镜头自然过渡来连接上下两段内容。无技巧转场强调的是视觉的连续性。并不是任何两个镜头之间都可应用无技巧转场方法，运用无技巧转场方法需要注意寻找合理的转换因素和适当的造型因素。

1. 特写转场

无论前一组镜头的最后一个镜头是什么，后一组镜头都是从特写开始。其特点是对局部进行突出强调和放大，展现一种平时在生活中用肉眼看不到的景别。

2. 声音转场

是指用音乐、音响、解说词、对白等元素来与画面进行配合，实现转场。

3. 相似性转场

这是一种极具创意的视觉转换，符合观众的视觉、心理习惯，可以使时空转变得流畅自然，具体分为动作匹配、形状物品匹配、位置匹配等。即让前一个镜头和后一个镜头的动作、色彩、运动趋势等比较相似，直接进行组接转场。

4. 封挡镜头转场

前一个镜头末尾，用手掌或其他元素遮挡镜头，后一个镜头的开始同样用手掌或其他元素遮挡。

5. 同一主体转场

前后两个场景用同一物体来衔接，上下镜头有一种承接关系。

6. 出画入画

前一个镜头的主体走出画面，后一个镜头中，同一主体走入画面，这两个镜头进行无技巧转场就比较有意思。运用这种技巧时，需要注意的是要确定主体运动方向的一致性，以及剪辑点的准确选择。出画时，不要让拍摄主体全部走出画面，而入画时，也不要从空白的镜头开始，而是从主体进入画面一点点开始，这样才可以确保动作的流畅和自然。

7. 主观镜头转场

前一个镜头是人物去看，后一个镜头是人物所看到的场景。这种转场具有一定的强制性和主观性。

03

剪映转场操作

虽然是一款手机App，但实际上剪映的功能是非常强大的。下面对剪映App的一些转场类型进行大致讲解，并介绍如何对视频素材添加转场，以及添加转场之后的相关设定。

打开剪映，点击"开始创作"，选择两段相关性比较大的视频：一段是牧民在放牧期间，在草原上休憩玩耍的视频；另一段是牧民赶着牛羊回家的视频，两段视频具有很强的相关性。

勾选"高清"选项，点击"添加"，这样两段视频就被添加到了剪映App的界面当中。

打开剪映，添加视频

基础转场

转场是针对两段及以上的视频来进行的处理，如果是同一段视频要添加转场，那么可以将同一段视频进行分割，在分割线位置添加转场。

要对上述两段视频添加转场，要先点击转场标记，即带有黑色竖线的白色方块。

这样会自动进入转场设置界面。在转场界面中，剪映设定了4大类、近百种不同的转场方式，这些转场方式虽然名称不同，但大致可以归为之前我们所介绍的不同技巧转场类型。

剪映App当中，第1类为基础转场，可以看到有闪黑、闪白、上移、下移等不同的转场方式，根据我们之前所介绍的技巧专场的特点，选择合适的转场方式即可。

基础转场

综艺转场

第2大类为综艺转场，这类转场比较特殊，它更适合于一些娱乐性比较强的短视频。从列表当中可以看到，有很多特定的影视效果转场，使用时直接点击选择即可。

综艺转场

运镜转场

第3类为运镜转场，并不是说这些转场只适合于运动镜头视频，而是指这些转场能够营造出运动镜头的效果，即便是固定镜头拍摄的画面，所添加的转场也会模拟出运动镜头的效果。不同的运镜转场方式，对应的是推、拉、摇、移、升、降等不同的运镜方式。

运镜转场

特效转场

第4类是特效专场。特效专场都较酷炫，类似借助After Effects等软件制作出的特效效果。

特效转场

添加转场后的设置

本例当中，两段视频的景别是由中景过渡到远景的，有一种拉远的心理暗示，因此我们可选择运镜转场中的拉远这种转场方式。

点击"运镜转场"，在展开的列表中点击选择"拉远"转场方式；之后，在下方可以改变转场持续的时间，这里稍稍延长一些，然后点击"√"按钮，完成转场的添加。

添加"拉远"转场

最后，可以查看转场的效果。首先定位到转场之前，第一段视频结束的位置，再定位到转场中间的位置，再定位到第2短视频开始的位置，就可以很直观地看到所添加的转场效果了。

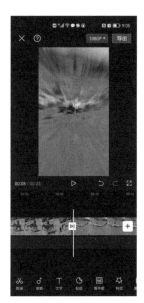

添加转场后的效果

04

注意转场对卡点的影响

　　添加某些转场后，可能会将前后两段视频的部分片段重叠，转场前后的两段素材的时长都会缩短一些，从而导致视频的总时长变短。

　　如果是制作卡点视频，还会让提前设置好的节奏点发生变化。因此，在选择转场的时候一定要注意，不能让转场打乱视频的卡点节奏。

　　例如，下图所示这段视频的总时长是20秒，点击任意两段视频素材的连接处的白色图标，选择"特效转场"类别中的"分割"转场，调整转场时长后，点击"√"按钮。在剪辑轨道区中，可以看到两段视频素材的连接处从竖线变成了斜线，这就说明添加转场之后视频的时长发生了改变，视频的总时长变成了19秒，同时节奏点也发生了变化。

添加转场后视频总时长发生变化

当然，并非所有的转场都会改变视频的时长。例如，下图所示这段视频的总时长是30秒，点击任意两段视频素材的连接处的白色图标，选择"MG转场"类别中的"水波卷动"转场，调整转场时长后，点击"√"按钮。在剪辑轨道区中，可以看到两段视频素材连接处的竖线并未变成斜线，这就说明添加转场之后视频的时长没有发生改变，视频的总时长依然是30秒，同时节奏点也没有发生变化。

添加转场后视频总时长未发生改变

具体哪个转场会改变视频时长，哪个转场不会改变视频时长，大家可以自行尝试。这也是一个熟悉剪映的过程，对剪映的工具越熟悉，越能更好地实现自己的创意，所以要多去尝试使用不同的功能。

一个完整的短视频是由多段视频素材拼接在一起的，但是只经过简单连接的镜头往往会缺少衔接感和视觉冲击力。因此，我们在剪辑视频的时候就要给视频添加转场，让场景之间的过渡更加顺滑和震撼。但是转场也不是越多越好，选择合适的转场适当地添加就可以了，不能影响视频本身的叙事内容。

第7章

音频编辑与卡点

一段完整的短视频是由画面和音频两部分组成的。短视频中的音频包括背景音乐、视频原声、声音特效和后期录制的旁白等。音频可以说是视频的灵魂，它能够强调和支撑整个视频的基调和风格。

01

静音

在剪映中打开的视频素材默认是有声音的，如果你不想要视频原声，而是想要通过添加背景音乐或音效去丰富视频的视听感受的话，可以将视频静音。

在剪映中实现视频静音的方法有以下3种。

关闭视频原声（适用于视频素材）

剪辑轨道区中有一个"关闭/开启原声"按钮。如果剪辑项目中导入的视频素材是带有声音的，点击"关闭原声"按钮，可以关闭剪辑轨道中所有视频素材的原声，这样一来就实现了视频静音。

点击"关闭原声"按钮实现静音

音量调整（适用于视频素材和音频素材）

在剪辑轨道区选中需要静音的视频素材或音频素材，然后点击底部工具栏中的"音频"－"音量"按钮，将音量滑块拖至最左侧，完成后点击"√"按钮，即可实现视频静音。

拖动音量滑块实现静音

删除音频素材（适用于音频素材）

在剪辑轨道区选中音频素材，然后点击底部工具栏中的"删除"按钮，将音频素材删除，同样可以达到视频静音的目的。

删除音频素材实现静音

02
视频降噪

在日常拍摄过程中，受环境因素的影响，拍出来的视频通常会出现些许的杂音。当视频原声中的噪声太大，影响视听感受时，可以使用剪映的降噪功能，降低视频中的噪音，提升视频的质量。

在剪辑轨道区选中需要进行降噪处理的视频素材，点击底部工具栏中的"剪辑"-"降噪"按钮，开启"降噪开关"，等待降噪完成后，点击"√"按钮，即可完成降噪的处理。

开启"降噪开关"进行降噪

03
调节音量

在进行短视频的编辑工作时，可能会出现音频声音过大或过小的情况，十分影响观众的观看体验。为了满足不同的制作需求，我们可以对音频素材的音量大小进行调节。

调节音量的方法非常简单。如果你想要调整某段视频素材的音量，可以选中这段视频素材，点击底部工具栏中的"剪辑"-"音量"按钮，进入音量调整界面，左右拖动音量滑块即可改变选中的音频素材的音量，完成调节后点击"√"按钮，就能够返回到剪辑工具栏当中。

要注意，"音量"功能和"关闭/开启原声"功能不同，"音量"仅支持对选中的一段视频素材的音量大小进行调整，而"关闭/开启原声"则是针对所有视频素材的音量进行调整。

 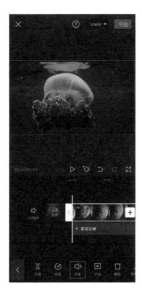 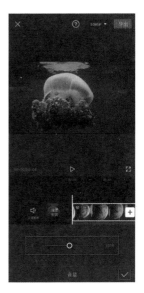

拖动音量滑块调节视频音量大小

04
添加音乐

在剪映中，你可以自由选择喜欢的音乐并把它添加到视频中。添加音乐有以下几种方式：在乐库中选择音乐、添加抖音收藏的音乐、导入本地音乐、提取视频中的音乐以及通过链接导入其他平台的音乐。

在乐库中选择音乐

剪映的音乐素材库中提供了不同类型的音乐素材。添加音乐的方法非常简单，在未选中素材的状态下，点击"添加音频"或底部工具栏中的"音频"按钮，然后在打开的音频工具栏中点击"音乐"按钮，即进入音乐添加界面。

添加音频

剪映的音乐素材库对音乐进行了细致的分类，例如"卡点""抖音""纯音乐""VLOG""秋天""旅行"等，你可以根据音乐类别快速挑选适合视频基调和风格的背景音乐。在音乐素材库中，点击任意一首音乐，即可进行试听。

试听音乐

音乐素材右侧可以看到"收藏"按钮、"下载"按钮和"使用"按钮。其中，"使用"按钮仅在完成下载的音乐素材右侧出现。

音乐素材右侧的按钮

点击"收藏"按钮，即可将音乐添加至音乐素材库的"我的收藏"中，方便下次使用。

将音乐添加至"我的收藏"

点击"下载"按钮，即可下载音乐，下载完成后会自动进行播放，并且音乐素材右侧会出现"使用"按钮。

下载音乐后会出现"使用"按钮

点击"使用"按钮,即可将音乐添加至剪辑项目中。

点击"使用"按钮将音乐添加至视频

添加抖音收藏的音乐

下面以一段年味小视频为例进行操作演示,帮助大家快速掌握在剪辑项目中应用抖音收藏中音乐的方法。首先打开抖音进入主界面后,点击右上角的搜索按钮,接着在搜索栏中输入"新年"进行搜索,完成搜索后切换至音乐选项栏,在打开的音乐界面中点击收藏按钮,完成操作后退出抖音。打开剪映,导入一段年味小视频,进入视频编辑界面后,在未选中素材的状态下,将时间限定为制视频的起始位置。然后点击底部工具栏中的"音频"按钮,在音频选项栏中点击"音乐"按钮,进入音乐素材库。进入音乐素材库后切换至"抖音收藏"选项栏,在其中可以看到刚刚在抖音中收藏的音乐。

将时间限定为视频素材的末端,在轨道区域中选择音乐素材,然后点击底部工具栏中的分割按钮。完成素材的分割后,选择时间线后的素材,点击底部工具栏中的"删除"按钮,将时间线后多余的素材删除。在轨道区域中选择音乐素材,点击底部工具栏中的"淡化"按钮,进入淡化选项栏,设置淡入时长和淡出时长均为0.5秒,完成后点击"确定"按钮。至此,就完成了背景音乐的添加操作。

剪映支持在剪辑项目中添加抖音收藏的音乐，使短视频更受观众的喜爱。当然，前提是你已经用抖音登录了剪映账号，让剪映账号与抖音账号相关联，这样才能直接在剪映中获取抖音收藏的音乐。用抖音登录剪映的方法很简单，打开剪映，点击"我的"按钮，然后在打开的登录界面中点击"抖音登录"即可。

用抖音登录剪映账号

在剪映中添加抖音收藏的音乐的方法非常简单，在未选中素材的状态下，点击"添加音频"或底部工具栏中的"音频"按钮，然后在打开的音频工具栏中点击"抖音收藏"按钮，进入剪映音乐素材库中的"抖音收藏"，你在抖音中收藏的所有音乐都会在这里显示。

抖音收藏的音乐会显示在"抖音收藏"栏

点击任意一首音乐素材右侧的"下载"按钮，即可下载音乐，下载完成后会自动进行播放，并且音乐素材右侧会出现"使用"按钮。点击"使用"按钮，即可将抖音收藏的音乐添加至剪辑项目中。

将音乐添加至剪辑项目中

通过链接下载音乐

　　如果音乐素材库中的音乐素材无法满足你的需求，那么你可以尝试通过链接下载其他平台的音乐。通过链接下载音乐的方法非常简单，在剪映的音乐素材库中切换至"导入音乐"，然后点击"链接下载"按钮，在抖音或其他平台分享视频/音乐链接，粘贴到输入框中，即可下载音乐。

通过链接下载音乐

　　以网易云音乐App为例，要将该平台中的音乐导入剪映中使用，可以在网易云音乐App的音乐播放界面，点击右上角的"分享"按钮，然后在弹窗中点击"复制链接"按钮。然后回到剪映的音乐素材库当中，切换至"导入音乐"，点击"链接下载"按钮，在文本框中粘贴之前复制的音乐链接，再点击右侧的下载按钮，等待解析完成即可将音乐导入到剪映当中。注意，如果是商用短视频的剪辑，在使用其他音乐平台的音乐素材前，需要与该音乐平台或音乐创作者签订使用协议，避免发生音乐版权的侵权行为。

将网易云音乐中的音乐导入剪映中使用

提取视频中的音乐

剪映还支持对带有音乐的视频进行音乐的提取，并将提取出来的音乐单独应用到剪辑项目中。提取音乐的方法有两种，下面就来演示一下。

方法一

在未选中素材的状态下，点击"添加音频"或底部工具栏中的"音频"按钮，然后在打开的音频工具栏中点击"提取音乐"按钮，进入素材添加界面。

点击"提取音乐"按钮

选择一段带有音乐的视频素材，点击"仅导入视频的声音"按钮，即可将提取出来的音乐单独添加至剪辑项目中。

将提取出来的音乐添加至剪辑项目

方法二

在剪映的音乐素材库中切换至"导入音乐"，点击"提取音乐"按钮，接着点击"去提取视频中的音乐"按钮。然后在打开的素材界面中选择一段带有音乐的视频，点击"导入视频的声音"按钮，这样一来，视频中的背景音乐将被提取到音乐素材库。

提取视频中的背景音乐

点击音乐素材右侧的"使用"按钮，即可将提取出来的音乐单独添加至剪辑项目中。

将提取出来的音乐添加至剪辑项目

如果想要将导入素材库中的音乐素材删除，可以长按音乐素材，点击唤出的"删除该音乐"按钮，然后在展开的选项栏中点击"删除"按钮即可。

删除导入的音乐素材

导入本地音乐

如果你的手机中保存了好听的音乐，也可直接在音乐素材库中进行选择和使用。在剪映的音乐素材库中切换至"导入音乐"，然后点击"本地音乐"按钮，可对手机本地下载的音乐进行调取使用。点击任意一段音乐素材右侧的"使用"按钮，即可将其添加至剪辑项目中。

导入本地音乐至剪辑项目

05
音频的处理

剪映提供了较为完备的音频处理功能，除了添加音频以外，还支持在剪辑项目中对音频素材进行音量调整、淡化处理、复制、分割、删除和降噪处理等。

添加音效

我们在收看综艺节目或抖音短视频时，经常能听到一些滑稽的音效，这种效果往往能给观众营造一种轻松愉悦的观看体验。因此，添加音效也是为短视频增添趣味性的方法之一。

添加音效的方法和添加音乐的方法类似。首先，将剪辑轨道区的时间轴竖线定位至需要添加音效的时间点，在未选中素材的状态下，点击"添加音频"选项或点击底部工具栏中的"音频"按钮，然后点击"音效"按钮，即可打开"音效"选项栏，可以看到综艺、笑声、机械、游戏、魔法、打斗、动物等不同类别的音效。

打开"音效"选项栏

点击任意一个音效素材右侧的"下载"按钮，即可下载音效。完成下载后会自动播放该音效，并在音效素材右侧出现一个"使用"按钮。点击"使用"按钮，即可将音效添加剪辑项目中。

将音效添加至剪辑项目

音频的淡化处理

为音频素材的开头和结尾添加淡化效果，可以有效降低音乐进出场时的突兀感。如果短视频中添加了多段音频素材，在音频的衔接处添加淡化效果，可以令音频之间的过渡更加自然。因此，为音乐素材设置淡化效果就显得十分有必要了。一般来说，淡化效果分为淡入效果和淡出效果。

添加淡化效果的方法也非常简单。在剪辑轨道区中选择音频素材，点击底部工具栏中的"淡化"按钮，即可设置音频的淡入时长和淡出时长，设置完成后点击"√"按钮。

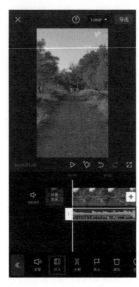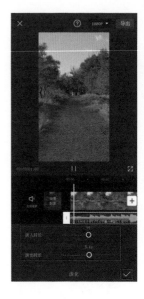

添加音频的淡化效果

复制音频

如果需要重复利用某一段音频素材，可以选中该音频素材进行复制操作。例如下面这段剪辑项目中，视频的时长明显要比音频的时长长很多，在这种情况下，我们就可以通过复制音频的手段将音频补充完整。

视频时长大于音频时长

一本书学会手机短视频剪辑

复制音频的方法与复制视频的方法是一样的，在剪辑轨道区选中需要复制的音频素材，然后点击底部工具栏中的"复制"按钮，即可得到一段同样的音频素材，复制的音频素材会自动显示在原音频素材的后方。注意，如果原音频素材的后方位置被占用，则复制的音频素材会自动分布到新的轨道，但始终保持在原音频素材的后方。

复制音频素材

当然，你也可以根据实际需求来调整音频素材的位置。目前音频素材的时长比视频素材的时长要长很多，在这种情况下，可以选中复制的音频素材，按住音频素材最右端的白色图标向左拖动，使之与视频素材的最右端对齐。

调整音频素材时长

分割音频

通过对音频素材进行分割的处理，可以实现对素材的重组和删除等操作。

在剪辑轨道区选中音频素材，然后将时间轴竖线定位在需要分割的时间点，点击底部工具栏中的"分割"按钮，即可将选中的音频分割成两段。

分割音频

删除音频

在剪辑项目中添加音频素材后，如果发现音频素材的持续时间过长，可以先对音频素材进行分割，再选中多余的音频素材，点击底部工具栏中的"删除"按钮，将这段音频素材删除，这样就能让视频素材和音频素材的时长保持同步了。

删除多余的音频素材

06

声音的录制和编辑

很多短视频博主创作的视频作品中，人物声音都不是原声，而是在录制之后通过后期进行了变速或变声的处理，这样不仅可以加快视频的节奏，还能增强视频的趣味性。

声音录制

剪映的录音功能可以实现声音的录制和编辑工作。录制声音时要尽量选择安静且没有回音的环境，如果是在家里录制，那么十平方米左右的小房间为最佳选择；录制时还可以连接耳机，这样能有效提升声音质量；注意嘴巴要与麦克风保持一定的距离，可以尝试用打湿的纸巾将麦克风包裹住，防止喷麦。

开始录音前，先将剪辑轨道区的时间轴竖线定位至音频开始处，然后在未选中素材的状态下，点击底部工具栏中的"音频"按钮，在打开的音频工具栏中点击"录音"按钮，这时会看到一个红色的"录制"按钮。

在音频工具栏中点击"录音"按钮会显示红色的"录制"按钮

按住"录制"按钮，同时录入旁白，此时剪辑轨道区将会生成音频素材。完成录制后释放"录制"按钮，即可停止录音。点击右下角的"√"按钮，即可完成声音的录制。

录制声音

音频变速效果的制作

在进行视频编辑时，为音频进行恰到好处的变速处理，搭配搞怪的视频内容可以很好地增加视频的趣味性。音频变速的操作方法非常简单，在剪辑轨道区选中音频素材，然后点击底部工具栏中的"变速"按钮，进入音频变速界面，通过左右拖动变速滑块可以对音频素材进行减速或加速的处理。

对音频进行变速处理

在进行音频变速操作时，如果想对旁白声音进行变调的处理，点击界面左下角的"声音变调"按钮，音调将会发生改变。完成后点击"√"按钮。

对音频进行变调处理

变声效果的制作

如果视频中录制了旁白，但是又不想使用自己的声音，可以使用剪映的"变声"功能，改变声音的音色。对音频进行变声处理可以强化人物的声音特色，尤其是对于一些搞笑类的短视频来说，音频变声可以放大此类视频的幽默感。

使用录音功能完成旁白的录制后，在剪辑轨道区选中音频素材，点击底部工具栏中的"音频"-"变声"按钮，进入变声选项栏，可以看到"无""大叔""萝莉""女声""男声"和"怪物"等声音选项，你可以根据实际需求选择想要的声音效果。选择你想要的声音，点击"√"按钮，即可完成变声的处理。

对音频进行变声处理

07
制作音乐卡点视频

如今，卡点视频火爆各大短视频平台，通过后期剪辑将视频画面与音乐鼓点相匹配，能够使视频具有极强的节奏感。由于手动踩点既费时又费力，因此许多新手创作者对制作卡点视频望而却步，但其实利用剪映提供的自动踩点功能就能够轻松制作出炫酷的卡点视频。卡点视频一般分为两大类，分别是图片卡点和视频卡点。图片卡点是将多张图片组合成一个视频，图片会根据音乐的节奏进行规律地切换。视频卡点是视频根据音乐节奏进行转场或内容变化，或是高潮情节与音乐的某个节奏点同步。

音乐手动踩点

下面以制作图片卡点为例，演示手动踩点的操作方法。

首先将多张图片导入剪辑项目中，在未选中素材的状态下，点击底部工具栏中的"音频"按钮，进入音频工具栏，点击"音乐"按钮，进入音乐素材库。

点击"音乐"按钮进入音乐素材库

在"卡点"分类中选择一首音乐，点击音乐素材右侧的"使用"按钮，将其添加至剪辑项目中。

将卡点音乐添加至剪辑项目

添加背景音乐后，根据背景音乐的节奏进行手动踩点。在剪辑轨道区添加音乐素材后，选中音乐素材，点击底部工具栏中的"踩点"按钮，进入音乐踩点界面。

进入音乐踩点界面

在打开的踩点界面中，将时间轴竖线定位至需要进行标记的时间点，也就是音乐的第一个鼓点处，然后点击"添加点"按钮，此时时间轴竖线所处的位置会添加一个黄色的标记点。如果对添加的标记点不满意，点击"删除"按钮即可将标记点删除。

添加和删除标记点

接着用上述同样的方式添加多个标记点，将音乐的所有鼓点处进行标记，完成后点击"√"按钮。此时在剪辑轨道区可以看到刚刚添加的标记点。

完成标记点添加

根据标记点所在的位置，可以轻松地对图片的显示时长进行调整，使图片的切换时间点与音乐的节奏点匹配，完成卡点视频的制作。

完成卡点视频制作

最后点击界面右上角的"导出"按钮，将视频导出即可。

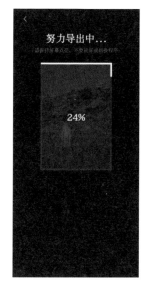

将视频导出

在制作卡点视频时，针对一些节奏变化强烈且音乐层次明显的背景音乐，可以通过观察音乐的波形来标记节奏点，通常波形的波峰处就是鼓点所在的位置。

音乐自动踩点

剪映提供了音乐自动踩点功能，一键设置即可在音乐上自动标记节奏点。相较于手动踩点来说，自动踩点功能更加方便、高效和准确，因此更建议大家使用自动踩点的方法来制作卡点视频。

下面以制作视频卡点为例，演示自动踩点的的操作方法。视频卡点的制作方法相对比较麻烦，在制作时要根据音乐节奏合理地分割视频内容，否则制作出来的卡点视频就算节奏对上了，画面的转场也会显得特别突兀。

首先将视频素材导入到剪辑项目中，在未选中素材的状态下，将时间轴竖线定位至视频的起始位置，然后点击底部工具栏中的"音频"按钮，打开音频工具栏，然后点击"音乐"按钮，进入音乐素材库。

点击"音乐"按钮进入音乐素材库

在"卡点"分类中选择一首音乐，点击音乐素材右侧的"使用"按钮，将其添加至剪辑项目中。

将卡点音乐添加至剪辑项目

在剪辑轨道区选中音乐素材，将时间轴竖线定位至视频的结尾处，然后点击底部工具栏中的"分割"按钮，将音乐素材分割为两段。在剪辑轨道区选中第二段音乐素材，点击底部工具栏中的"删除"按钮，将多余的音乐素材删除。

删除多余的音乐素材

在剪辑轨道区选中音频素材，点击底部工具栏中的"淡化"按扭，进入淡化界面，调整淡出时长，让音乐的结尾部分过渡更加自然，完成后点击"√"按钮。

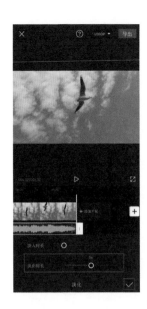

设置音频素材的淡化

在剪辑轨道区选中音频素材，点击底部工具栏中的"踩点"按扭，进入踩点界面，开启"自动踩点"功能，然后根据个人喜好选择"踩节拍Ⅰ"或"踩节拍Ⅱ"模式，让作品节奏感爆棚，这里选择"踩节拍Ⅰ"模式。

开启"自动躁点"

如果对添加的标记点不满意，可以把时间轴竖线定位至需要删除的标记点，点击"删除点"按钮，即可将标记点删除。点击"播放"按钮可以预览踩点效果，通过"添加点"和"删除点"功能调整标记点，直到自己满意为止，完成后点击"√"按钮。

完成标记点添加

此时音乐素材下方会自动生成音乐节奏点标记，接下来要做的就是根据音乐的节奏点调整视频素材的时长，使每一段视频素材的时长与音乐的节奏点同步。

例如第一段视频素材的尾端要比第一个节奏点提前一些，那么我们可以通过变速的方式使其同步。在剪辑轨道区选中第一段视频素材，点击底部工具栏中的"变速"按钮，调整播放的倍速，直到视频素材的尾端与第一个节奏点重合。

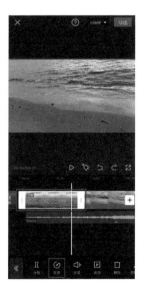

调整视频播放倍速

巧用各种方法使视频素材与与音乐节奏点同步后，还可以添加转场效果，让视频素材之间的过渡更加自然，同时增加视频的趣味性，让视频不再单调乏味。

添加转场

在剪辑轨道区中，每两段视频素材之间都有一个"转场"按钮，点击"转场"按钮，即可进入转场选项栏，选择一个想要的转场效果，然后调整转场时长，接着点击"应用到全部"按钮，将转场效果应用到全部视频上，完成后点击"√"按钮。

应用转场到全部视频

最后点击剪辑界面右上角的"导出"按钮，将视频导出即可。

导出视频

第8章

文字与贴纸的实用技巧

本章介绍短视频中文字、字幕的制作方法，以及贴纸效果的制作技巧。

01

文字功能和字幕的使用

添加文本：手动添加并制作文字效果

下面介绍在剪映App中手动添加文字，并制作各种不同文字效果的技巧。

首先打开剪映App，点击"开始创作"，在打开的界面中选中要进行处理的视频。在界面左下方勾选"高清"，然后点击"添加"按钮，将要处理的视频载入剪映的剪辑界面。

选择要处理的视频

因为打开的视频是16：9的横屏模式，而我们要添加文字效果，更适合于9：16的竖屏模式，所以在下方点击"比例"之后，再点击"9：16"，将视频改为竖屏模式。然后点击"文字"进入文字编辑界面，之后点击"新建文本"。

改变视频比例后进入文字编辑界面

在打开的界面中输入"遇见天坛"。

之后，点击"样式"，可以在样式下方的列表中设定视频的背景色彩，以及是否有文字的描边等效果。

这里选择文字的一种描边效果，然后点击"花字"，选择一种花字效果。

输入文字并设定样式

点击"气泡"，在气泡列表中没有特别理想的气泡形式，因此这里不做设定。

点击"动画"，点击"循环动画"，选择"折叠"这种循环播放的动画文字效果。

当前文字位于视频的正中间，遮挡了视频当中的人物，因此点住视频当中的文字模块向上拖动，将其移动到像素画面之外。这样我们就为当前的视频添加了一种文字效果。

为视频添加文字效果

当然，对于这种文字效果，我们还可以进行其他的一些编辑和设计，这里就不再过多介绍。

识别字幕：强大的人工智能语音识别

下面介绍在剪映App中快速添加字幕的技巧。字幕的添加，是依托于智能手机的人工智能算法来对语音进行高精度的识别，然后由软件自动对准语音添加字幕，准确度是非常高的。当然，这里有一个前提，即视频配音的中文要相对标准一些，不要出现一些发音不标准的情况，否则字幕的准确度会下降。

下面来看具体操作。打开剪映，点击"开始创作"，点击选中要添加字幕的视频，勾选"高清"，然后点击"添加"，将视频载入剪映App中。

因为要添加配音文件，所以首先在界面左侧下方关闭原声，然后在下方点击"音频"，进入音频编辑界面。

选择视频关闭原声后进入音频编辑界面

在下方的功能列表中点击"录音"，进入录音工作界面。首先将视频播放的进度条拖动到视频开始的位置，然后根据提示按住麦克风图标进行录音。录音完成之后，可以看到视频轨道下方出现了配音轨道，点击"√"按钮。

录制配音

在下方点击返回按钮，返回到视频剪辑主界面，点击"文字"进入文字编辑界面，点击"识别字幕"，准备对添加的配音文件进行识别，并自动添加字幕。

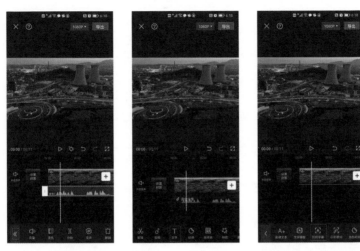

在文字编辑界面点击"识别字幕"

在弹出的自动识别字幕界面中，直接点击"开始识别"，经过智能算法的优化和处理，很快在视频及音频轨道下方出现了字幕轨道，可以看到字幕已经被添加上了。

添加字幕之后，点击字幕轨道，在下方出现的功能当中，点击"样式"进入样式编辑界面。

自动识别字幕

一本书学会手机短视频剪辑

在样式编辑界面中，可以为添加的字幕设定一些不同的字体、样式、花字、气泡以及动画等，这与我们之前手动创建文本的设定是完全一样的。

对于我们添加的字幕，可以设计一种花字效果，点击"花字"，然后点击第二种花字效果，播放时可以看到字幕已经被添加上了特定的效果。

一般来说，所添加的配音字幕往往会有一些不准确的情况，这时可以进行批量的修改。

在界面下方，点击"批量编辑"，进入批量编辑界面，在其中检查每一句字幕，可以看到最后一句字幕中间少了一个标点。

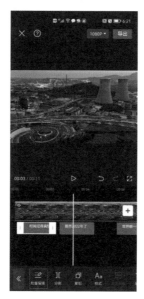

批量编辑字幕

在句子中间点击，将光标定位到这个位置，然后输入逗号，点击"√"（完成）按钮。

完成之后再次播放，可以看到最后一句字幕已经被添上了标点符号。

字幕编辑完成的效果

识别字幕是非常好用的一个功能，平时制作一些MV或课程视频的时候，如果需要字幕，都可以使用识别字幕功能进行自动识别。

当然，如果音频是带有地方口音的，可能识别的就不是很精准，但是节奏、进度都是跟着讲话的语速一起进行的，你只需要在识别不准确的地方直接把文字改成正确的即可，比以前的字幕剪辑简单太多了。

一本书学会手机短视频剪辑

识别歌词：准确、高效帮你制作短视频

接下来介绍如何为短视频添加歌词，即使用识别歌词功能进行处理。

识别歌词这个功能与识别字幕基本相同，所不同的只是处理的音频对象不同。识别字幕主要是识别人为的一些配音，识别歌词则是识别歌曲的歌词。实际上识别歌词的准确度更高，因为软件判定歌曲名称之后，可以直接调用正确的歌词，准确度是非常高的。

下面来看具体的操作。打开剪映App，点击"开始创作"，选择要添加歌曲的视频，勾选"高清"选项，点击"添加"，此时可以看到视频已经被载入剪映。

在界面左下方关闭原声，在下方点击"音频"，进入音频编辑界面。

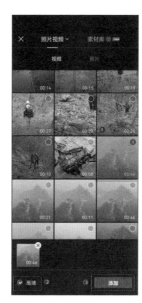

选择要编辑的视频并进行音频编辑界面

点击"音乐"，进入添加音乐界面。

之前，我们已经介绍过，可以根据所使用的视频素材类型来选择不同的音乐。对于本视频来说，还可以在上方的搜索框中输入关键字进行搜索，这里我们输入"冬季"，以便与飘雪的画面相呼应。输入"冬季"之后，点击"搜索"可以搜索到大量与冬季相关的歌曲。

搜索"冬季"相关的歌曲

　　选择第一首"这个冬季"，然后点击"使用"，将这首歌曲作为配乐载入到音频轨道中。

　　之后，点击返回按钮，回到剪辑主界面；点击"文字"，进入文字编辑界面。

使用配乐，返回文字编辑界面

点击"识别歌词",进入歌词识别界面。

在弹出的"识别歌词"对话框中点击"开始识别"。因为原视频当中并没有任何的音效,所以可以不必选择上方的"同时清空已有歌词"这个选项。

点击"开始识别"之后,歌词很快被识别了出来,并作为一个单独的字幕轨道出现在了音频轨道下方。

识别歌词

因为这段视频有48s，但是我们添加的音乐只有32s，因此将进度条拖动到音频的最后；点击"分割"，对视频进行分割。

对视频进行分割

点击没有配乐的这段视频，点击"删除"，将这段视频画面删除掉；再点击选中片尾这段视频画面，点击"删除"，将片尾广告删除掉，这样我们就完成了歌词字幕的添加。

删除多余视频

02

贴纸的一般与特殊技巧

添加常用贴纸

剪映App当中的贴纸功能非常强大，但它的使用方法是比较简单的，与字幕、歌词的编辑方式非常相似。

下面依然以上一节中所介绍的案例为例进行介绍，添加字幕之后，回到视频剪辑主界面，将进度条定位到视频开始的位置。

在下方点击"贴纸"，进入贴纸编辑界面，可以看到列表当中有大量不同的贴纸类型。

贴纸编辑界面

在"热门"这一组当中选择"点赞 分享 赞赏"这个贴纸，可以看到贴纸效果已经出现在了视频画面当中。

由于贴纸位置过于居中，因此用手指点住贴纸的文本框向上拖动，将其拖动到画面的上方，这样我们就完成了贴纸的添加。

当然，还有其他很多类型的贴纸，大家可以自行尝试，设定好之后将视频导出即可。

选择贴纸效果

制作有创意的贴纸

下面介绍如何添加非常有创意的贴纸效果。

打开剪映App，点击"开始创作"，切换到照片素材库。选中要使用的照片，然后点击"添加"，可以将照片添加到视频剪辑界面中。一般来说，单张照片载入剪映后，作为视频播放时，默认的时长是3s，那么在这3s的画面中，我们就可以制作贴纸的效果。

选择照片素材创作视频

点击"贴纸",可以看到很多贴纸可供选择,在搜索框中输入文字可以查找相关的贴纸,也可以点击""图标,直接到自己的本地相册中去查找想要的贴纸。这些剪映自带的动态贴纸也是在不断更新的,所以这里就不逐一尝试了,总之,贴纸功能玩起来非常有创意。

这里选择一个"野"字样的贴纸,非常符合这段小视频的风格,完成后点击"√"按钮。

添加贴纸

将贴纸适当放大一些，然后把它调整到合适的时长。完成后点击左下角的返回图标，返回上一级菜单栏中。

调整贴纸大小和时长

接下来要给视频添加一段背景音乐。点击"音频"，点击"音效"，在音效里面选择一首合适的BGM，这里选择"胜利"音效。

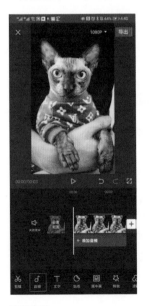
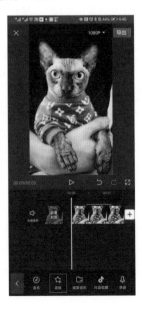

添加音效

这样一个小视频就制作完成了，最后点击右上角的"导出"按钮，将视频导出即可。这是一个通过贴纸来制造氛围的典型案例。

导出视频

利用贴纸制作贺卡

再来看看贴纸还能怎么用呢。

重新回到剪映的首页，点击"开始创作"，点击右上角的"素材库"，选择一张透明背景，点击"添加"按钮。现在可以发挥自己的想象力去创造一个想要的画面。

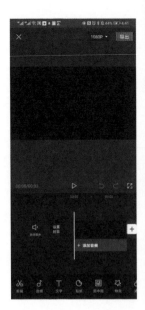

选择透明素材

如果你想做一个手机视频，可以把菜单栏往左滑动，点击"比例"，再选择16：9的竖屏比例，这样的比例会更适合手机观看。然后点击左下角的返回按钮，返回到上一级菜单栏中。

设定比例

　一本书学会手机短视频剪辑

假设我们要做个贺卡，可以先选择一个纯色的贺卡背景。

把菜单栏往左滑动，点击"背景"，在背景中可以设置画布颜色、画布样式和画布模糊。

设置背景

点击"画布颜色"，这里有很多适合制作贺卡的背景颜色，选择一个你想要的背景颜色，比如红色，选好后点击"√"按钮。

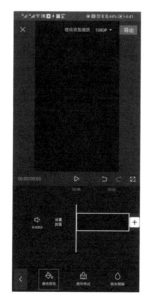

设置画布颜色

如果没有你喜欢的背景颜色，可以点击"画布样式"，直接选择一个现成的贺卡背景，选好后点击"√"按钮。

设置画布样式

选好背景之后，就可以添加贴纸了，我们可以制作一张比较有圣诞氛围的贺卡。先点击左下角的返回图标，返回到上一级菜单栏中。

返回上一级菜单栏

然后点击"贴纸"，根据自己的喜好选择几个贴纸并移动到想要的位置上，这里选择一个圣诞标题、一棵圣诞树、一个圣诞老人和三个礼物贴纸，这样整个画面的圣诞氛围就出来了，完成后点击"√"按钮。

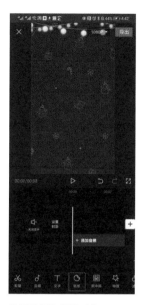

设置圣诞氛围的贴纸

最后我们可以给贺卡添加一段圣诞风格的音乐。点击左下角的返回图标，返回到上一级菜单栏中。

返回上级菜单栏

点击"音频"，点击"音乐"，在搜索框中输入"圣诞"，选择一首跟圣诞相关的歌曲。

选择跟圣诞相关的歌曲

这样一张圣诞贺卡的
效果就出来了。

圣诞贺卡效果

这里要特别说明一下：由于这个贺卡视频比较短，只有3秒的时间，如果大家想要制作长视频的话，可以直接按照前面章节中介绍的方法把它导出来，然后再次导入剪映当中，通过不断复制的方式把3秒的短视频加长，直至视频和音乐的时长一样。因为它就是一个静止的动态视频，所以使用这个方法会比在当前这个页面把所有的背景、贴纸和音乐全部拉上更加简单快捷，这是一个非常好用的小窍门。

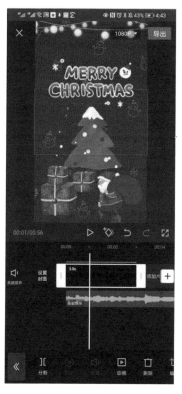

用复制的方式把视频加长

贴纸的创意有两种，一种是像本案例这样添加在内容里，还有一种比较创意的做法是偶尔会添加一些贴纸在视频封面上，两者的用法都差不多。

第9章

制作精彩的短视频片头与片尾

对于短视频来说，一个精彩的片头或片尾，能够提升整体的表现力，给人更强的视觉感受。

本章将介绍几种比较常见、实用的短视频片头与片尾制作方法。

01
制作镂空滚动字幕片头

有创意的片头具有画龙点睛的作用，因其精彩的视觉效果和具有感染力的画面，能够在短短的几秒至几十秒内迅速地吸引观众的眼球。镂空滚动字幕片头就是一种极具创意性的片头风格。本节就来教大家镂空滚动字幕片头的制作方法。

第1步：导入素材

打开剪映，点击"开始创作"按钮，进入素材添加界面。点击"素材库"，选择"黑白场"类别中的"黑场"素材，点击界面右下角的"添加"按钮，将黑场素材添加至剪辑项目中。

将黑场素材添加至剪辑项目

第 2 步：添加字幕

点击底部工具栏当中的"文字"按钮，进入文本工具栏，点击"新建文本"按钮，在输入框中输入想要的文字。

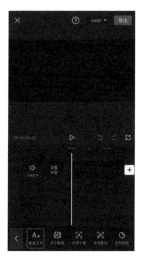

输入文字

调整文字的样式，在视频预览区放大文字，完成后点击"√"按钮。此时剪辑轨道区会增加一条字幕轨道。

调整文字样式

第 3 步：给文字添加滚动效果

将时间轴竖线定位至视频的起始位置，点击"添加关键帧"按钮，在字幕轨道的第一帧添加一个关键帧。然后将视频预览区的字幕素材拖动到画面的最右边。

在视频起始位置添加一个关键帧，把字幕素材拖动到画面最右边

将时间轴竖线定位至视频的尾端，点击"添加关键帧"按钮，在字幕轨道的最后一帧添加一个关键帧。然后将视频预览区的字幕素材拖动到画面的最左边。这样一来，一个从右向左滚动的字幕素材就制作好了。

在视频尾端添加一个关键帧，把字幕素材拖动到画面最左边

第 4 步：导出滚动字幕素材

点击界面右上角的"导出"按钮，将滚动字幕素材导出到手机相册中，留作备用。

导出字幕素材

此时导出的滚动字幕素材效果如下图所示。

滚动字幕素材效果

第 5 步：重新导入一段视频素材和片头素材

重新打开剪映，导入一段提前剪辑好的视频素材。将时间轴竖线定位至视频的起始位置，点击"+"按钮，进入素材添加界面。选择刚才导出的滚动字幕片头，点击界面右下角的"添加"按钮，将该片头素材添加至剪辑项目中。

将之前导出的滚动字幕片头添加至剪辑项目

第 6 步：切换画中画

选中添加的片头素材，点击底部工具栏中的"切换画中画"按钮，将片头素材切换为画中画。选中画中画素材，点击底部工具栏中的"混合模式"按钮，选择"变暗"模式，完成后点击"√"按钮。这样一来，镂空滚动字幕片头就制作完成啦！

镂空滚动字幕片头制作完成

第 7 步：导出视频

点击界面右上角的"导出"按钮，将视频导出。

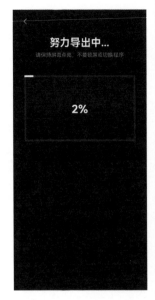

导出视频

最终短视频片头的画面效果如下图所示。

最终视频片头效果

02

制作复古黑胶片头

＼

复古黑胶唱片是近几年非常流行的复古潮流元素。在制作时尚类、电影解说类的短视频时，尝试把黑胶唱片和其他不同的新鲜元素结合在一起，制作成颇具时尚感和年代感的复古片头，也不失为一个好的选择。本节就来教大家复古黑胶片头的制作方法。

第1步：导入素材

打开剪映，点击"开始创作"按钮，进入素材添加界面。点击"素材库"，在"黑白场"类别中选择"透明"素材，点击界面右下角的"添加"按钮，将透明素材添加至剪辑项目中。

将透明素材添加至剪辑项目

第 2 步：添加画面背景

此时视频预览区的画面是黑色的，因此我们就要想办法把画面的背景颜色改成一个复古的画布样式。

点击底部工具栏中的"背景"–"画布样式"按钮，选择一个做旧的红色背景，完成后点击"√"按钮。当然，你也可以选择其他你喜欢的画布样式作为片头背景。

添加画面背景

第 3 步：添加贴纸

点击底部工具栏中的"贴纸"按钮，进入贴纸添加界面。

点击"贴纸"按钮

在搜索框中输入"唱片"，选择一个具有复古感的黑胶唱片贴纸，点击"关闭"按钮，将唱片贴纸添加到背景画面中。

双指在视频预览区滑动调整唱片贴纸的位置，并把它调整到合适的大小。

添加黑胶唱片贴纸

继续在搜索框中输入"音乐"，选择一个播放音乐的贴纸，点击"关闭"按钮，将播放音乐贴纸添加到背景画面中。然后在视频预览区将该贴纸调整到合适的大小和位置。

添加播放音乐贴纸

我们还可以添加一些其他的贴纸，并把它们逐个调整到合适的大小和位置，完成后点击"√"按钮。

添加其他贴纸

第4步：添加动画效果

为了让片头的效果更加生动，我们可以给唱片贴纸添加一个旋转的动画效果，模拟真实唱片机在播放时的动态。

在剪辑轨道区选中唱片贴纸素材，点击底部工具栏中的"动画"–"入场动画"按钮，选择"循环动画"类别中的"旋转"动画，给唱片贴纸添加一个旋转的动画效果。若感觉此时旋转的速度过快，可以调节旋转动画的快慢，得到我们想要的效果，完成后点击"√"按钮。

添加动画效果

完成动画效果的添加之后，点击返回按钮，返回到剪辑界面当中。

返回剪辑界面

第5步：添加音频效果

点击底部工具栏中的"音频"－"音效"按钮，进入音效添加界面。选择"机械"类别中的"胶卷过卷声"音效，点击该音效素材右侧的"使用"按钮，把它添加至剪辑项目中。完成后点击"√"按钮。

添加音频效果

此时剪辑轨道区会增加一条音频轨道。这样一来，复古黑胶片头就制作完成了。

复古黑胶片头制作完成

第 6 步：导出视频

点击界面右上角的
"导出"按钮，将视频
导出。

导出视频

最终短视频片头的画面效果如下图所示。

最终视频画面效果

03
制作旁白片头

很多短视频为了引起观众的注意或者为了让观众尽快了解视频的主要内容，通常采用以旁白为开场的片头。这类片头能够快速展现主题的脉络，从而引导观众尽早进入故事角色中，甚至好的旁白片头还能够引起观众的共鸣。本节就来教大家旁白片头的制作方法。

第1步：导入素材

打开剪映，点击"开始创作"按钮，进入素材添加界面。点击"素材库"按钮，选择"黑白场"类别中的"透明"素材，点击界面右下角的"添加"按钮，将透明素材添加至剪辑项目中。

添加透明素材

第 2 步：给片头添加背景图片

点击底部工具栏中的"背景"－"画布样式"按钮，选择一个天空的画布样式，完成后点击"√"按钮。

添加天空画布样式

第 3 步：给片头添加旁白

点击底部工具栏中
的"音频"－"录音"按
钮，进入录音界面。

进入录音界面

按住"录制"按钮，录入旁白，完成录制后释放"录制"按钮。点击"√"按钮，即可完成声音的录制。此时剪辑轨道区会生成一段音频素材。

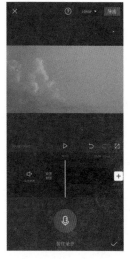

完成声音录制

第 4 步：给片头添加字幕

因为我们要制作的是旁白片头，而旁白片头是由画面、人声和字幕组成的，现在画面有了，人声也有了，所以接下来要做的就是给片头添加字幕。利用剪映的字幕识别功能可以快速、精准地识别视频中的人声，生成视频字幕。

点击底部工具栏中的"文字"-"识别字幕"按钮。

点击"识别字幕"按钮

在弹出的界面中选择"仅录音"选项，点击"开始识别"按钮，剪映会自动将录制的旁白识别成字幕，并添加至剪辑轨道中。在视频预览区可以看到字幕位于画面的最下方。

自动识别字幕

如果想让字幕位于画面的中间位置，可以选中第1段文字素材，然后在视频预览区通过双指滑动把字幕移动至画面中央。这时其他字幕素材也会跟着移动到画面的中间位置。

移动字幕位置

第 5 步：给字幕添加动画效果

在剪辑轨道区选中第
1段文字素材，点击底部工
具栏中的"动画"–"入场
动画"按钮，选择"向右
擦除"动画，并调整动画
时长，完成后点击"√"
按钮。

给字幕添加动画效果

接着用同样的方法给
第2段文字素材和第3段
文字素材都添加"向右擦
除"动画。

给其他文字素材添加动画效果

添加好字幕动画之后点击返回按钮，即可返回到剪辑界面当中。

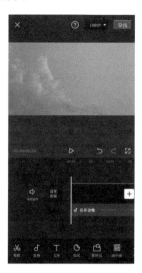

返回剪辑界面

第 6 步：添加贴纸

现在我觉得画面过于空旷，想要给画面添加一个合适的贴纸，增添片头的氛围感。

点击底部工具栏中的"贴纸"按钮，选择一个喜欢的贴纸效果，并且把它调整到合适的大小和位置，完成后点击"√"按钮。

添加贴纸

第 7 步：给贴纸添加动画效果

有了贴纸之后，我们还可以给贴纸添加一个动画效果。

在剪辑轨道区选中贴纸素材，点击底部工具栏中的"动画"-"入场动画"按钮，选择"渐显"动画，调整好动画时长之后，点击"√"按钮。

给贴纸添加动画效果

第 8 步：调整素材时长

最后预览整个视频，根据自己想要的片头效果调整一下各轨道素材的时长，尽量让片头表现得更加完美一些。这里要注意的是，字幕一定要和录制的人声同步。

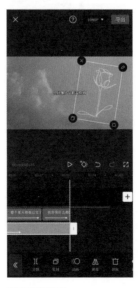
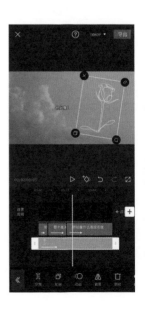

调整素材时长

第9步：导出视频

点击界面右上角的"导出"按钮，将视频导出。

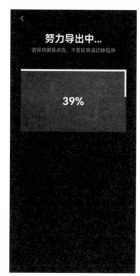

导出视频

最终短视频片头的画面效果如下图所示。

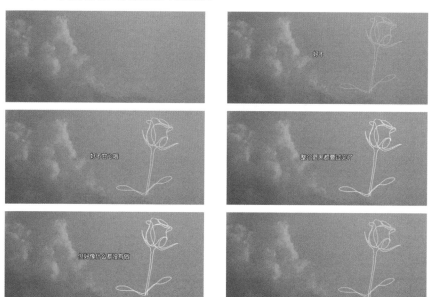

最终视频片头画面效果

04
制作倒计时片头

倒计时片头很容易给人带来一些期待感和紧迫感。例如生日倒计时、新年倒计时等，这类短视频通常具有一定的跨时间意义。倒计时片头也能让人们对倒计时之后的视频内容产生好奇的心理，有激发观众观看欲望的效果。本节就来教大家倒计时片头的制作方法。

第1步：导入素材

打开剪映，点击"开始创作"按钮，进入素材添加界面。选择一段生日拍摄的视频素材，点击界面右下角的"添加"按钮，把它添加至剪辑项目中。

添加素材至剪辑项目

第 2 步：添加倒计时素材

　　将时间轴竖线定位至视频的起始位置，点击"+"按钮，进入素材添加界面，点击"素材库"按钮，在"节日氛围"类别中选择一个3秒倒计时的视频素材，点击界面右下角的"添加"按钮，把它添加至剪辑项目中。此时剪辑轨道区会增加一段3秒的倒计时视频素材。

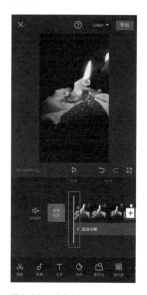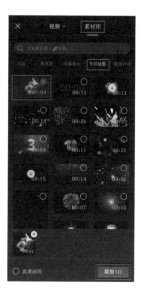

添加倒计时素材

第 3 步：添加音效

由于素材库中添加的素材默认是没有声音的，因此我们可以给该视频素材添加一个音频效果，增加片头的氛围感。

点击底部工具栏中的"音频"-"音效"按钮，选择"综艺"类别中的"心跳"音效。

添加音效

此时剪辑轨道区会增加一条音效轨道。选中音效素材，按住音效素材最右端的白色图标向左拖动，使之与片头素材的最右端对齐。完成后点击返回按钮，返回到音频工具栏当中。

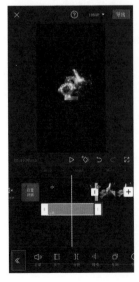

将音效素材与片头素材最右端对齐

将时间轴竖线定位至片头素材的末端，点击底部工具栏当中的"音效"按钮。选择一个"人声"类别中的"生日快乐（英文）"音效。此时剪辑轨道区会增加另外一段音频素材。这样一来，倒计时片头就制作好了。心跳音效会伴随着3秒倒计时片头一起播放，片头结束后播放的则是"生日快乐"的祝福声和生日录制的短视频。

  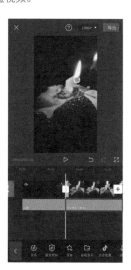

添加人声音效

第4步：导出视频

点击界面右上角的
"导出"按钮，将视频
导出。

 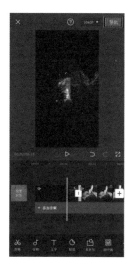

导出视频

最终短视频片头的画面效果如下图所示。

  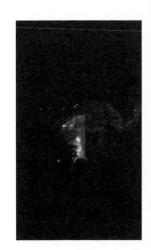

最终视频片头画面效果

05
制作电影片尾

一个完整的短视频需要精彩的片头，自然也需要好的片尾与之
呼应。片尾的种类非常多样化，可以是回顾和渲染短视频的片段，
也可以是导演、制片人和出镜人员的名单，或者只是简单的结束语
或头像片尾。本节就来教大家电影片尾的制作方法。

第1步：导入素材

打开剪映，点击"开始创作"按钮，进入素材添加界面，点击
"素材库"按钮，选择"黑白场"类别当中的"透明"素材，点击
界面右下角的"添加"按钮，将透明素材添加至剪辑项目当中。

添加透明素材至剪辑项目

第 2 步：新增画中画

点击底部工具栏中的"画中画"-"新增画中画"按钮，进入素材添加界面。选择一段素材，视频或照片均可，点击界面右下角的"添加"按钮，把它添加到剪辑项目中。

添加画中画

此时剪辑轨道区会增加一条画中画轨道，在视频预览区调整画中画的大小和位置，把它移动到画面的左侧。

调整画中画的大小和位置

点击返回按钮，返回到剪辑界面当中。

返回剪辑界面

第3步：添加字幕

点击底部工具栏中的"文本"-"新建文本"按钮，在输入框中输入需要展示的人员名单。

添加字幕

接下来要对文字的样式进行设置。点击下方的"排列"按钮，修改文本的字间距和行间距，把行间距拉到15左右，让字幕看起来更美观。然后在视频预览区把文本素材调整到合适的大小和位置，完成后点击"√"按钮。

设置文字样式

第 4 步：制作字幕的滚动效果

把时间轴竖线定位至文本素材的起始位置，点击"添加关键帧"按钮，在片尾的第一帧添加一个关键帧，然后把视频预览区的文字向下拖动，直到文字位于画面的最下方。

在片尾的第一帧添加一个关键帧，拖动文字至画面最下方

接着把时间轴竖线定位至文本素材的末端，点击"添加关键帧"按钮，在片尾的最后一帧添加一个关键帧，然后把视频预览区的文字向上拖动，直到文字位于画面的最上方。此时滚动字幕的效果已经出来了，字幕是从画面的下方进入并向上滚动的。

TIPS

如果你想要追求更加完美的效果，想让文字从画面外进入，可以在输入文字之前先单击几次换行键，添加几个空行，然后再去进行其他操作，这样文字就是从画面外进入的。

添加字幕效果

第 5 步：添加背景音乐

片尾一般会添加一段纯音乐作为背景音乐。点击底部工具栏中的"音频"-"音乐"按钮，进入音乐素材添加界面。

点击"音乐"按钮

在"纯音乐"类别中选择一首喜欢的背景音乐，点击音乐素材右侧的"添加"按钮，将该音乐素材添加至剪辑项目当中。

添加音乐素材至剪辑项目

第 6 步：删除多余的背景音乐

在剪辑轨道中选中音乐素材，并将时间轴竖线定位至照片素材的结尾处，点击底部工具栏中的"分割"按钮，将音乐分割为两段。

分割音乐

　一本书学会手机短视频剪辑

选中后面这段音乐素材，点击底部工具栏中的"删除"按钮，将多余的音乐部分删除。这样一来，背景音乐和照片素材的时长就能保持一致了。

删除多余音乐

第7步：导出视频

点击界面右上角的"导出"按钮，将视频导出。

导出视频

最终短视频片尾的画面效果如下图所示。

最终视频片尾画面效果

最后再来解释一下，开始操作时为什么要添加透明背景。点击底部工具栏当中的"背景"按钮，点击"画布颜色"按钮，可以使用各种纯色作为片尾的背景。

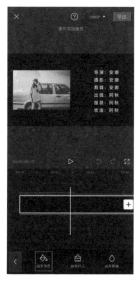

点击"画布颜色"按钮，为片尾添加纯色背景

或者点击"画布样式"按钮，可以看到剪映内置了超级丰富的背景图片可供使用。这也就是为什么要在一开始添加透明背景的原因了：只有使用透明背景时，才可以更换背景；如果使用的是黑场或白场，则无法添加这些内置的画布作为背景去使用。

点击"画布样式"按钮，为片尾添加背景图片

06

制作头像片尾

抖音平台上有大量的短视频博主都非常喜欢使用头像片尾。本节就来教大家头像片尾的制作方法。

第1步：导入素材

打开剪映，点击"开始创作"按钮，进入素材添加界面，点击"素材库"按钮。在搜索框中输入"片尾"，选择一个头像片尾素材，点击界面右下角的"添加"按钮，将片尾素材添加至剪辑项目中。

  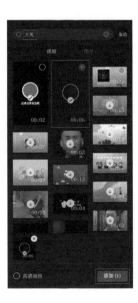

添加片尾素材至剪辑项目

第2步：分割素材

我们导入的这段片尾素材分为白底和黑底两个部分。在剪辑轨道区选中片尾素材，把时间轴竖线定位至黑底和白底的交界处，点击底部工具栏中的"分割"按钮，将黑底部分和白底部分进行分割，然后把白底素材移动到视频轨道的最前端。完成后点击返回按钮，返回到剪辑界面当中。

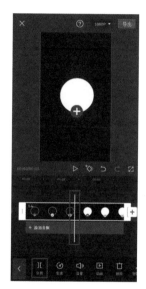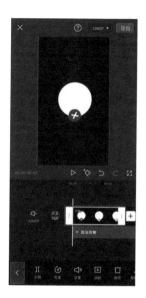

分割素材

第3步：切换画中画

将时间轴竖线定位至视频的起始位置，点击底部工具栏中的"画中画"-"新增画中画"按钮，进入素材添加界面。选择一张自己的头像照片，点击界面右下角的"添加"按钮，把它添加至剪辑项目当中。

添加自己的头像照片

　　此时剪辑轨道区会增加一条画中画轨道。选中画中画素材，点击底部工具栏中的"混合模式"按钮，选择"变暗"模式，完成点击"√"按钮。

　　接着在视频预览区将头像照片调整到合适位置。

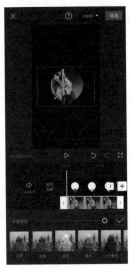
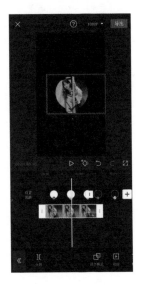

选择"变暗"混合模式并调整头像照片位置

选中黑底素材，点击底部工具栏当中的"切换画中画"按钮，此时黑底素材会切换到画中画轨道中。

切换至画中画轨道

选中黑底素材，将黑底素材移动至下一条轨道的起始处，再点击"混合模式"按钮，选择"变亮"模式，完成后点击"√"按钮。这样一来，头像片尾就制作完成了。

选择"变暗"混合模式

第4步：导出视频

点击界面右上角的"导出"按钮，将视频导出。

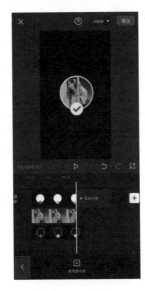

导出视频

最终短视频片尾的画面效果如下图所示。

最终视频片尾画面效果